Band 19 · März 1983 **3**

# isotopenpraxis

AKADEMIE-VERLAG

ISSN 0021–1915 Isotopenpraxis, Berlin 19 (1983) 3, 61–104

EVP 9,– M

## An unsere Autoren

Die Zeitschrift veröffentlicht Beiträge zu folgenden Themen: Kontrolle und Analyse radioaktiver und stabiler Isotope, Anwendung radioaktiver und stabiler Isotope in allen Gebieten der Forschung und Technik, der Industrie, Landwirtschaft und Medizin, Herstellung radioaktiver und stabiler Isotope sowie von markierten Verbindungen, kernelektronische Geräte für die Isotopenanwendung (Dickenmesser, Dichtemesser u. ä.) Detektoren für isotopentechnische Arbeiten und den Strahlenschutz in Isotopenlaboratorien, Meßtechnik und Strahlenschutz, Dosimetrie in Isotopenlaboratorien, kerntechnische Geräte für die Isotopenanwendung (Beton, Bestrahlungsanlagen u. ä.), Strahlenchemie, Radiochemie, ökonomische und perspektivische Fragen, Fragen der Weiterbildung.

*1. Aufnahme von Manuskripten*

Zur Veröffentlichung angenommen werden nur druckreife, noch nicht anderweitig publizierte Beiträge in deutscher, englischer oder russischer Sprache zum Themenbereich der Zeitschrift und zwar

Originalarbeiten
Kurze Mitteilungen
Aus der Praxis
Zusammenfassende Berichte
Tagungsberichte
Informationen.

Sind der Beitrag oder Teile daraus bereits veröffentlicht oder ist eine anderweitige Veröffentlichung vorgesehen, so muß dies der Redaktion mit genau Angabe der Zweitveröffentlichung mitgeteilt werden. Mit der Annahme des Manuskriptes behält sich der Verlag das Recht der Vervielfältigung, Verbreitung und Übersetzung innerhalb der gesetzlichen Schutzfrist vor. Auszugsweiser Nachdruck der photomechanische u. a. Wiedergabe sind an eine schriftliche Genehmigung des Verlages gebunden. Manuskripte, Zeichnungen und Photos von veröffentlichten Arbeiten werden nur auf den besonderen und bis zum Zeitpunkt der Veröffentlichung mitgeteilten Wunsch des Autors zurückgesandt.

Bei der unverlangten Einreichung von Manuskripten wird empfohlen, eine Befürwortung eines der Herausgeber oder Redaktionsausschußmitglieder beizufügen.

Manuskripte sind einzureichen bei der Redaktion, 1080 Berlin, Leipziger Str. 3–4

*2. Form der Manuskripte*

Die Autoren werden gebeten:

2 Manuskripte, eines davon in Original-Maschinenschrift, einseitig und mit 2zeiligem Abstand einzureichen; gut leserliche Photokopien sind zulässig; auf dem 1. Blatt (unter Weglassung der Bezeichnung)

den Titel der Arbeit
Vorname-Initialen und Namen sämtlicher Autoren
gegebenenfalls die Institution, in der sie tätig sind
eine kurze Zusammenfassung der Arbeit von höchstens 15 Zeilen
Keywords in alphabetischer Reihenfolge und
als Fußnote die Anschrift der Institution anzugeben;

wenn möglich, auf gesonderten Blättern Namen, Titel der Arbeit und Zusammenfassung in den beiden anderen obengenannten Sprachen 2fach beizufügen;

Literaturhinweise (fortlaufend numeriert), Fußnoten, Tabellen, Abbildungen (in 2–3facher Veröffentlichungsgröße), Abbildungsunterschriften (getrennt von den Abbildungen mit Zeichenerklärungen, Quellenangaben, falls erforderlich, und gegebenenfalls mit einem Vermerk für besondere Wünsche bezüglich der Abbildungsgröße), private und Dienstanschrift der Verfasser mit akademischen Titeln und ausgeschriebenen Vornamen auf besonderen Blättern ans Ende des Manuskriptes zu stellen;

Wünsche für den Kolumnentitel (Seitenüberschrift) bekanntzugeben;

Absätze durch Einzüge von mindestens 3 Anschlägen kenntlich zu machen; die Maßeinheiten des SI-Systems ("Systeme International") zu verwenden; Korrekturen im Manuskript unmittelbar an der zu korrigierenden Stelle anzubringen;

Formeln deutlich lesbar und möglichst groß einzutragen;

Farbabbildungen und nachträgliche Änderungen oder Ergänzungen in Abbildungen zu vermeiden;

hervorzuhebende Textstellen zu unterstreichen, und zwar halbfetten Satz mit einer geraden schwarzen Linie, kursiven Satz (Schrägschrift) mit einer blauen Wellenlinie (alle Eigennamen). Sperrungen gestrichelt;

besondere Buchstaben durch farbige Unterstreichung zu kennzeichnen, und zwar Formelzeichen in

Griechisch-Kursiv ($\alpha$, $\beta$, ...) rot,
Kursiv ($A$, $B$, ...) blau
halbfetter Kursiv ($\boldsymbol{A}$, $\boldsymbol{B}$, ...) 2 Linien blau (Vektoren),
halbfetter Grotesk (**A**, **B**, ...) 2 Linien violett (Tensoren);

bei Literaturangaben auf Vollständigkeit zu achten. In nachstehender Reihenfolge müssen angegeben sein:

a) bei *Zeitschriften*: Vorname-Initialen und Namen sämtlicher Autoren, Titel der Zeitschrift (nach „Periodica Chimica" oder möglichst wenig gekürzt), Bandnummer (unterstrichen), Jahreszahl (in Klammern), Heftnummer (nur bei Zeitschriften, die jedes Heft mit S. 1 beginnen) sowie die Seitenzahl, auf der die zitierte Arbeit beginnt.

b) Bei *Büchern*: Initialen der Vornamen und Name des Autors (Herausgeber werden durch den Zusatz „ed." gekennzeichnet), voll ausgeschriebener Titel des Buches in der Originalsprache, evtl. Bandnummer, voll ausgeschriebener Name des Verlages, Nummer der Auflage (außer der ersten), Erscheinungsort(e), Erscheinungsjahr (hier nicht in Klammern setzen!) und evtl. Kapitelnummer, Seitenzahl u. ä.

c) bei *Sammelbänden, Tagungsberichten*: Es soll zusätzlich der Titel desl zitierten Beitrags angegeben werden. Die Seitenzahl muß unbedingt angegeben werden. Aus dem Zitat muß hervorgehen, ob es sich um einen Tagungssammelband oder um einen noch nicht veröffentlichten Vortrag handelt. Zwischen Tagungsort und Erscheinungsort des entsprechenden Tagungsberichts ist zus unterscheiden.

*3. Korrekturen*

Der Autor erhält zwei Umbruchabzüge, von denen einer möglichst schnell korrigiert an die Redaktion zurückgereicht werden soll. Auf Wunsch des Autors kann die Korrektur auch von der Redaktion gelesen werden.

Durch nachträgliche Manuskriptänderungen verursachte Korrekturkosten gehen, sofern sie 10% der Satzkosten übersteigen, zu Lasten des Autors.

Der Autor erhält 50 Sonderdrucke kostenlos. Weitere Sonderdrucke können bis zur Rückgabe der Korrekturabzüge auf Kosten des Autors bei der Redaktion bestellt werden.

## Bezugsmöglichkeiten

Bestellungen sind zu richten

- **in der DDR** an den Postzeitungsvertrieb unter Angabe der Kundennummer des Bestellenden oder an den AKADEMIE-VERLAG, DDR-1086 Berlin, Leipziger Straße 3–4, PF-Nr. 1233
- **im sozialistischen Ausland** an eine Buchhandlung für fremdsprachige Literatur oder an den zuständigen Postzeitungsvertrieb
- **in der BRD und Berlin(West)** an eine Buchhandlung oder an die Auslieferungsstelle KUNST UND WISSEN, Erich Bieber OHG, D-7000 Stuttgart 1, Wilhelmstraße 4–6
- **in den übrigen westeuropäischen Ländern** an eine Buchhandlung oder an die Auslieferungsstelle KUNST UND WISSEN, Erich Bieber GmbH, CH-8008 Zürich, Dufourstraße 51
- **im übrigen Ausland** an den Internationalen Buch- und Zeitschriftenhandel; den Buchexport, Volkseigener Außenhandelsbetrieb der Deutschen Demokratischen Republik, DDR-7010 Leipzig, Postfach 160; oder an den AKADEMIE-VERLAG, DDR-1086 Berlin, Leipziger Straße 3–4


Zeitschrift „Isotopenpraxis"

Herausgeber: Im Auftrag des Akademie-Verlages herausgegeben von Prof. Dr. Justus Mühlenpfordt
Verlag: Akademie-Verlag, DDR-1086 Berlin, Leipziger Straße 3–4, PF-Nr. 1233; Fernruf: 2236229; Telex-Nr.: 114420;
Bank: Staatsbank der DDR, Berlin, Kto.-Nr.: 6836-26-20712
Verantwortlich für den Inhalt des Heftes: Prof. Dr. H. Hübner, Leipzig
Anschrift der Redaktion (Fernruf Frau H. Schier: 6351177) der Zeitschrift Isotopenpraxis: Akademie-Verlag, DDR-1080 Berlin, Leipziger Str. 3–4, PF-Nr. 1233
Veröffentlicht unter der Lizenznummer 1527 des Presseamtes beim Vorsitzenden des Ministerrates der Deutschen Demokratischen Republik
Gesamtherstellung: VEB Druckerei „Thomas Müntzer", DDR-5820 Bad Langensalza
Erscheinungsweise: Die Zeitschrift „Isotopenpraxis" erscheint monatlich. Die 12 Hefte eines Jahrganges bilden einen Band. Bezugspreis je Band 180,– M zuzüglich Versandspesen Preis für die DDR 108,– M) Preis je Heft 15,– (Preis für die DDR 9,– M)
Bestellnummer dieses Heftes: 1079/19/3



AN (EDV) 12831

ISOTOPENPRAXIS

Band 19 (1983) Heft 3, S. 61–104

Redaktion und Verlag: Akademie-Verlag, Redaktion Isotopenpraxis, 1086 Berlin, Leipziger Straße 3–4

## Inhaltsverzeichnis



## Contents

Isotopenpraxis 19 (1983) H. 3, S. 70 bis 72
7 Abb., – Tab., 5 Lit.

Eine Vorrichtung zur Expreßanalyse von Wasserproben auf ihren $\delta^{18}O$-Gehalt wird beschrieben. Dabei wird die Gleichgewichts-Isotopenaustauschreaktion zwischen Wasser und $CO_2$-Gas genutzt. Die Entgasung der Proben durch eine Kapillare ohne Einfrieren der Proben bei gleichzeitigem Schütteln während des Gleichgewichtszustandes verringert die Zeit der Probenvorbereitung wesentlich. Die Vorrichtung wird mit Hilfe von Handventilen luftthermostatiert. Die Messungen ergaben, daß die $\delta^{18}O$-Werte durch die Genauigkeit der Vorbereitungsarbeiten und die Reaktionsbedingungen mit Ausnahme der Temperatur nicht wesentlich beeinflußt werden. Bei einer guten Temperaturregelung ist die Reproduzierbarkeit der Messungen besser als 0,1‰.

Isotopenpraxis 19 (1983) No. 3, p. 70 to 72
7 Fig., – Tab., 5 Ref.

An equipment for the speed $\delta^{18}O$ analysis of water samples is described. It used the equilibrium isotopic exchange reaction between water and $CO_2$ gas. Outgasing of samples through capillary without freezing down the samples, together with shaking during the equilibrium time, reduced considerably time for sample preparation.
Apparatus is air termostated with hand valves. Measured $\delta^{17}O$ values are not very sensitive to precision of preparation work and reaction conditions, except of temperature. With good temperature control the standard reproducibility of single measurement is better than 0·1‰.

*A. Al-Suhybani, S. Al-Khowaiter, F. Abou El-Nour, E. Hallaba*

## Dekontaminierungsuntersuchungen von radioaktiven Uran- und Thorium-Abfällen mit Hilfe von Naturtonen (*in Englisch*)

Isotopenpraxis 19 (1983) H. 3, S. 72 bis 76
2 Abb., 4 Tab., 12 Lit.

Die Adsorptionsfähigkeit von sechs örtlichen Naturtonen und eines synthetischen Harzes gegenüber Thorium und Uran bei optimalen *p*H-Werten, feinporigem Ton und maximaler Adsorptionszeit wurde ermittelt. Die Kapazität des Tons Nr. 4 wurde mit 30 meq/100 g für $Th^{4+}$ und mit 14 meq/100 g für $UO_2^{2+}$ festgestellt. Eine genaue Bestimmung des Urans und des Thoriums wurde unter Verwendung eines fortgeschrittenen spektrophotometrischen Verfahrens vorgenommen. Es wurden statische und dynamische Untersuchungen durchgeführt. Die kinetische Untersuchung des Ionenaustauschverhaltens von Thorium und Uran ergab zwei Prozesse, nämlich einen schnellen Adsorptionsmechanismus bei niedrigem *p*H-Wert infolge des ionischen Charakters und einen langsamen Mechanismus bei höheren *p*H-Werten im Zusammenhang mit dem polymeren Charakter.

*A. Al-Suhybani, S. Al-Khowaiter, F. Abou El-Nour, E. Hallaba*

## Decontamination Studies of Radioactive Uranium and Thorium Wastes by Natural Clays (*in English*)

Isotopenpraxis 19 (1983) No. 3, p. 72 to 76
2 Fig., 4 Tab., 12 Ref.

The uptake capacity of six natural local clays and one synthetic resin for thorium and uranium was determined at optimum *p*H values, fine mesh size for the clay and maximum time of uptake. The capacity of clay-4 was found to be 30 meq/100 g for $Th^{4+}$ and 14 meq/100 g for $UO_2^{2+}$. Precise estimation of uranium and thorium was made using a developed spectrophotometric method. Static and dynamic studies have been carried out. Kinetic studies on the ion exchange behaviour of thorium and uranium revealed two processes, a fast uptake mechanism at low *p*H due to ionic species and a slow one at higher *p*H due to polymeric species.

*W. Will*

## Dünnschicht-Thermolumineszenzdetektoren zur Messung der Hautdosis bei der Personendosimetrie

Isotopenpraxis 19 (1983) H. 3, S. 76 bis 81
8 Abb., – Tab., 14 Lit.

Durch LiF/Teflon-Beschichtung von Aluminiumblechen im Spritzverfahren wurden für einen Routineeinsatz in größerem Umfang geeignete Thermolumineszenzdosimeter hergestellt, die die Messung der Hautdosis bei äußeren Strahlungsbelastungen durch β-Strahlung sowie durch Röntgen- und γ-Strahlung bis zu den niedrigsten für den Strahlenschutz relevanten Energien gestatten. Energieunabhängigkeit, Meßgenauigkeit und Meßbereich, Fading und Einfluß von Umgebungsbedingungen wurden im einzelnen untersucht. Beim 5. Internationalen Meßvergleich von Personendosimetern der RGW-Länder wurden die Detektoren erfolgreich getestet.

*W. Will*

## Thin Layer Thermoluminescence Detectors for the Measurement of the Skin Dose at the Personnel Dosimetry

Isotopenpraxis 19 (1983) No. 3, p. 76 to 81
8 Fig., – Tab., 14 Ref.

By LiF/teflon covering of aluminium plates in a spray procedure thermoluminescence dosimeters suitable for large scale routine application were produced, which enable the measurement of the skin dose at external exposure of beta or X- and gamma radiation down to the lowest energies relevant for the radiation protection. Energy dependence, accuracy and measurement range, fading and influence of environmental conditions were investigated in detail. The detectors were tested successfully at the 5th International Intercomparison of Personnel Dosimeters of the CMEA countries.

*W. Pentschew, B. Konstantinow, K. Iwanowa*

## Postvergleiche mit Thermolumineszenz-Dosimetern an $^{60}$Co-Telegammatherapieanlagen in Bulgarien (1975 bis 1980) (*in Englisch*)

Isotopenpraxis 19 (1983) H. 3, S. 81 bis 85
3 Abb., 2 Tab., 11 Lit.

Während des Zeitraumes 1975 – 1980 wurden in Bulgarien 6 Postvergleiche mit Thermolumineszenz-Dosimetern nach dem IAEA/WHO-Verfahren an allen $^{60}$Co-Telegammatherapieanlagen durchgeführt. Es wurden pulverförmiges LiF „TLD-100“ und ein TL-Anlysator „*Harshaw* Modell 2000“ verwendet. Das Fading und die Genauigkeit bei der Dosisermittlung von $^{60}$Co-Gammastrahlung wurden untersucht. Das Fading für 30 Tage ist kleiner als 1 %. Die Empfindlichkeit des Meßsystems wurde mit Hilfe der eingebauten Lichtquelle bestimmt. Mittels statistischer Analyse ergab sich, daß der relative Fehler infolge Instabilität der Empfindlichkeit bei einer Reihe von 10 aufeinanderfolgenden Messungen ±0,24 % ($P$ = 0,95) beträgt. Auf diese Weise wurde gezeigt, daß der relative Fehler bei der Dosisermittlung mit einem TL-Dosimeter (4 Messungen) ±1,6 % ($P$ = 0,95) beträgt. Das Verfahren zur Durchführung des Vergleichs wird beschrieben und die Ergebnisse der jährlichen Vergleiche sind angegeben.

*V. Penchev, B. Constantinov, K. Ivanova*

## Postal Dose TLD Intercomparisons for $^{60}$Co Teletherapy Units in Bulgaria (1975 – 1980) (*in English*)

Isotopenpraxis 19 (1983) No. 3, p. 81 to 85
3 Fig., 2 Tab., 11 Ref.

During the period 1975 – 1980 in Bulgaria 6 TLD postal dose intercomparisons including all teletherapy units have been performed. LiF powder TLD-100 and a *Harshaw* TL analyser model 2000 have been used. The fading effect and the accuracy of the dose measurements for $^{60}$Co gamma rays have been investigated preliminarily. The fadding is below 1 % for 30 days. The sensitivity of the reading equipment has been investigated using the mounted check light source. By means of a statistical analysis it was determined that the relative uncertainty due to unstabilities in the sensitivity is ±0,24 % at confidence level $P$ = 0·95 for a set of 10 successive check source readings. In the same manner the relative uncertainty of the dose measurements using one TL detector (4 measurements) was determined to be ±1·6 % at $P$ = 0·95. The intercomparison performance method is described and the results from the six intercomparisons are presented.

# Si(Li)-Detektorsonde zur integrierenden Messung von Radon in der Bodenluft

*W. Stolz, S. Henschel, H. Gast*

(Bergakademie Freiberg, Sektion Physik, Wissenschaftsbereich „Angewandte Physik")[1])

*Aufbau und elektronische Funktion eines Detektorsystems für integrierende Messungen von Radon in der Bodenluft werden beschrieben. Es besteht aus einer Halbleiterdetektorsonde und einer separaten Auswerteeinheit.*

**Keywords**

geophysics; monitoring; natural radioactivity; prospecting; radon 222; Si semiconductor detector

Flächenhafte Messungen des radioaktiven Edelgases Radon ($^{222}_{86}$Rn, $T_{1/2} = 3{,}8229$ d, $E_\alpha = 5{,}587$ MeV) in der Bodenluft bilden die Grundlage für zahlreiche geo- und montanwissenschaftliche Anwendungen [1]:

- Prospektion von Lagerstätten,
- Erkundung von Riß- und Spaltenzonen in dem vom Boden bedeckten Gestein,
- Nachweis von Spannungsänderungen im Gebirge infolge rezenter Krustenbewegungen und bergmännischer Hohlräume,
- Erdbebenprognose.

Die Interpretation momentaner Radonmessungen im Gelände (z.B. mittels Szintillationskammern) wird durch die stark von meteorologischen Parametern abhängigen Schwankungen der Radonexhalation erschwert [2]. Aus diesem Grunde ist es sinnvoll, an den zu untersuchenden Punkten im Gelände integrierende Messungen der Radonabgabe über längere, an allen Meßstellen gleiche, Zeiträume durchzuführen. Für derartige Radonmessungen in flachen Erdbohrungen sind neben hochpolymeren Festkörperspurdetektoren (track-etch-Methode) [3–6] auch elektronische Meßsonden geeignet, die mit Kernstrahlungsdetektoren auf Siliziumbasis (Halbleiterdetektoren) ausgestattet sind. Gegenüber Ätzspurdetektoren besitzen derartige Systeme den Vorteil, daß sie wiederverwendbar sind und beliebig oft (auch während der Liegezeit) abgelesen werden können. Ihr Nachteil besteht in dem durch den elektronischen Aufwand bedingten höheren Preis.

Das in dieser Arbeit vorgestellte Detektorsystem ist aus zwei getrennten Einheiten aufgebaut:

- der Sonde, bestehend aus dem Halbleiterdetektor, der Nachfolgeelektronik (Verstärker, Speicher) und der Energieversorgung, sowie
- einer Auswerteeinheit mit digitaler Anzeige.

Zum Nachweis der α-Strahlung des Radons dient ein Si(Li)-Driftdetektor mit einer Fensterfläche von 380 mm². Die Nachfolgeelektronik ist im wesentlichen aus integrierten Schaltkreisen aufgebaut (MOSFET- bzw. C-MOS-Technik).

Die elektronische Funktion des Meßsystems wird an Hand des in Abb. 1 dargestellten Blockschemas erläutert: Die im Halbleiterdetektor (A) erzeugte Ladung gelangt zu einem ladungsempfindlichen Vorverstärker (B), welcher ein Ausgangssignal liefert, das der Ladungsmenge proportional ist. Ein mit einer konstanten Vorspannung betriebener Komparator (C) arbeitet als Schwellwertschalter, um das Meßsignal vom elektronischen Rauschen zu trennen. Die vom Komparator gelieferten Rechteckimpulse werden verzweigt und gelangen zu einem für Testzwecke vorgesehenen Ausgang, zu einer Impulsdehnerschaltung (I), welche zur Überprüfung der Sonde eine Lumineszenzdiode ansteuert, sowie zu einer Torstufe (D), welche den Impuls über eine zweite Torstufe (E) zum Speicher (H) leitet.

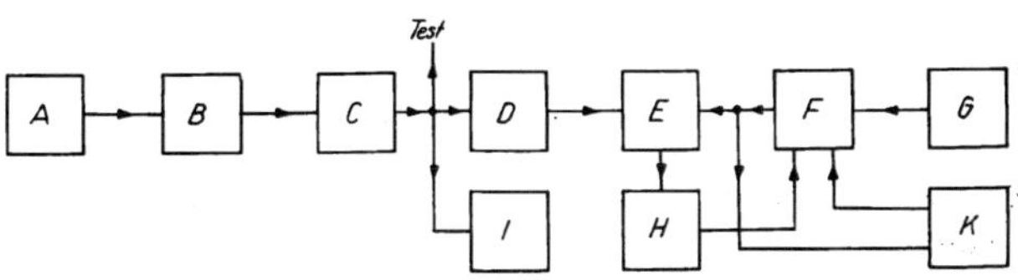


Abb. 1. Zum Funktionsprinzip des Radondetektors

Zum Auslesen der im Speicher enthaltenen Information wird ein zweiter Kreislauf eingeschaltet. Der Taktgenerator (G) liefert Impulse, welche über das Tor 3 (F) bei angeschlossener externer Anzeigeeinheit (K) in diese fließen. Gleichzeitig gelangen sie über Tor 2 (E) in den Speicher (H). Die Anzeigeeinheit (K) ist ein Rückwärtszähler, welcher auf die maximale Speicherkapazität des Speichers (H) voreingestellt ist. Über Tor 3 (F) gelangen so viele Impulse in den Speicher und den dazu parallelgeschalteten Rückwärtszähler, bis am Speicherausgang eine logische „1" erscheint und das Tor 3 (F) sperrt. Die Differenz zwischen leerem Speicher und der Anzahl der in den Speicher gelangenden Impulse, bis an dessen Ausgang eine logische „1" erscheint, ist die vor dem Auszählen im Speicher vorhandene Information. Die parallelgeschaltete Anzeigeeinheit zeigt das Meßergebnis an. Die getrennte Ausführung von Sonde und Auswerteeinheit ermöglicht das Abfragen mehrerer Sonden mit einem einzigen Auswertegerät.

Eingegangen am 12. 5. 1982

## Literatur

[1] *H. Gast, K. Fröhlich, W. Stolz,* Neue Bergbautechnik **10** (1980) 640
[2] *H. Gast, W. Stolz,* Isotopenpraxis (im Druck)
[3] *R. L. Fleischer,* J. Geophys. Res. **85** (1980) 7553
[4] *G. Somogyi, L. Medveczky, Z. Varga,* Isotopenpraxis **14** (1978) 343
[5] *J. Kvasnička,* Nucl. Instr. Meth. **174** (1980) 599
[6] *P. Sulovský,* Radiochem. Radioanal. Letters **38** (1979) 325

[1]) Anschrift: DDR-9200 Freiberg, Bernhard-von-Cotta-Straße 4

# Anlage zur drahtlosen Impuls-Übertragung bei Kernstrahlungsmessungen

*M. Radwan, J. Górski, M. Milanowski*

(Isotopenlabor des Instituts für Arbeitsmaschinen; Technische Hochschule Poznań)[1])

*Die Anwendung von Radioisotopen unter den Bedingungen der Technik erfordert häufig die Übertragung von Meßsignalen zwischen Meßpunkt und Meßeinrichtungen, wobei mitunter einige hundert Meter überbrückt werden müssen. Da direkte Kabelverbindungen meist nicht möglich sind, wurden am Institut für Arbeitsmaschinen an der Technischen Hochschule in Poznań drahtlose Impulsübertragungen der Meßsignale versucht und unter Praxisbedingungen eingesetzt.*

*Es werden die Konstruktion, die Arbeitsweise und die Anwendungsmöglichkeiten dieser Signalübertragungen dargestellt.*

**Keywords**

pertechnetates; seeds; technetium 99m; telemetry; tracer techniques

Bei der Durchführung von Tracerexperimenten sind im allgemeinen Aktivitätsmessungen an verschiedenen Stellen der untersuchten Anlage erforderlich. Die Meßstellen sind oft mehrere Hundert Meter oder gar mehrere Kilometer voneinander entfernt, wie z.B. bei Strömungsuntersuchungen in großen Chemiebetrieben oder in Abwasseranlagen, in Flüssen oder größeren Gewässern.

Die Installation von Kabelverbindungen zwischen Meßsonden und Meßeinrichtung ist sehr oft wegen größerer Entfernungen und der Witterungsverhältnisse mit Schwierigkeiten verbunden — oder sogar unmöglich. Die Meßsonde muß aber auch im Gelände transportierbar sein, wenn es sich z.B. um Messungen zur Ermittlung der Verteilung von markierten Substanzen (Düngemittel, Saatgut) auf Großflächen landwirtschaftlicher Betriebe handelt.

Bei einer Benutzung von Bandschreibern in Fahrzeugen werden die Meßwerte wegen der Erschütterungen oft verfälscht. Ein Einsatz von erschütterungsstabilen Druckern ist meist wegen fehlender Gleichstromversorgung nicht möglich.

Bei Untersuchungen über die Funktionstüchtigkeit von Landmaschinen zur Düngerstreuung, zur Reihen- und Einzelkornsaat von Kulturpflanzen sowie zur Kartoffelspritzung [1] traten stets die genannten Schwierigkeiten auf. Versuche auf Großflächen konnten bisher nur dann durchgeführt werden, wenn die Szintillationsmeßsonden mit den Meßeinrichtungen verkabelt werden konnten. Dieser Tatbestand war auch der Ausgangspunkt für die Entwicklung einer Anlage zur drahtlosen Impulsübertragung.

Die drahtlose Übertragung von Meßinformationen (Telemetrie) ist schon seit langer Zeit bekannt und findet selbst über größere Entfernungen hinweg Anwendung. Jedoch sind dabei die Sendegeräte mit Kodiersystemen und die Empfangsgeräte mit Dekodiersystemen ausgestattet. Solche Einrichtungen verlangen eine präzise elektronische Technik. Sie sind also kostenaufwendig und ihre Bedienung ist recht umständlich. Aus diesen Gründen wurde im Isotopenlabor des Instituts für Arbeitsmaschinen an der Technischen Hochschule in Poznań eine Anlage konstruiert, in der das denkbar einfachste System einer Impulsübertragung genutzt wird: Radiowellenimpulse werden im Empfangsgerät in Spannungsimpulse umgewandelt, die dann mit Geräten der Kerntechnik registriert werden. Das System der Impulserzeugung ist so ausgelegt, daß es gegenüber Störungen, die auf technische Quellen (industrielle Versuche) oder sogar auf vorbeifahrende Kraftfahrzeuge zurückzuführen sind, unempfindlich ist.

Die Meßeinrichtung besteht aus dem Sende- und dem Empfangsgerät. Die oft in einem entsprechenden Kollimator angebrachte Szintillationsmeßsonde (oder das *Geiger-Müller*-Zählrohr) ist mit einem Funktelefon entsprechender Leistung verbunden. Das von uns benutzte Funktelefon „RADMOR" findet auch auf Schiffen in Hafengebieten Anwendung und hat eine Reichweite bis 80 km. Es verfügt über ein von uns eingebautes Modulationssystem, das durch die Impulse eines an das Funktelefon angeschlossenen Strahlungsdetektors betätigt wird. Als Energiequelle der Sendeanlage wird eine 12-Volt-Batterie benutzt.

Für die Datenanzeige werden das Feldradiometer Typ RZP-10 (Produzent: ZZUJ Polon) oder der lineare Impulsdichtemesser ILL-41 und der Schreiber X-Y eingesetzt.

## Erprobung der Anlage

Die Anlage wurde auf ihre Funktionstüchtigkeit untersucht, und zwar vor allem in bezug auf ihre Impulsübertragungssicherheit sowie auf die Störanfälligkeit gegenüber äußeren Einflüssen. Die Wiedergabesicherheit kann vor allen Dingen von der Entfernung des Sendegeräts vom Empfangsgerät abhängen. Daher wurde eine systematische Untersuchungsreihe nach folgendem Plan durchgeführt: Die Sendeanlage wurde auf einer Landstraße aufgestellt, auf der alle 100 Meter die Entfernung markiert wurde. An der Szintillationsmeßsonde wurde eine Strahlungsquelle in einer solchen Entfernung angebracht, daß die Impulsdichte ca. 1000 Impulse pro Minute betrug (statistischer Fehler $= 3\%$). Das Empfangsgerät befand sich in einem Kraftfahrzeug, das in bestimmten Entfernungen zum Halten gebracht wurde, um die Impulsdichte zu empfangen. Die Meßergebnisse zeigt Tab. 1.

Messungen in größeren Entfernungen als 10 km wurden nicht durchgeführt, da es sicher nicht erforderlich ist, solche Entfernungen auch bei technischen Untersuchungen überwinden zu müssen. Es ist aber anzunehmen, daß selbst Entfernungen bis zur Grenzreichweite des Funktelefons keinen Einfluß auf die Informationsübertragungssicherheit haben.

[1]) Anschrift: 60-965 Poznań, ul. Piotrowo 3, VR Polen

Tab. 1. Die Impulsübertragungssicherheit der Anlage bei unterschiedlichen Abständen zwischen Sende- und Empfangsgerät

| Abstand zwischen Sende- und Empfangsgerät m | Impulsdichte auf der Empfangsseite Imp./60 s |
|---|---|
| 100 | 985 |
| 200 | 1010 |
| 500 | 1006 |
| 1000 | 987 |
| 2000 | 1012 |
| 5000 | 968 |
| 10000 | 1005 |

Eine wichtige Eigenschaft, die Störunanfälligkeit, wurde mit Hilfe kinetisch erzeugter Störungen während der Impulsübertragung untersucht. An die Sendeanlage wurde anstelle der Szintillationsmeßsonde der Ausgang eines Rechteckimpulsgenerators angeschlossen. An die Antenne des Empfängers wurde eine Störquelle angebracht, die aus einer Zündspule und einer Funkenstrecke mit zwei Spitzen bestand. Die Spule wurde durch einen Impulsgeber mit einer einstellbaren Frequenz gesteuert.

Es wurden keine Verfälschungen festgestellt, d. h., die ausgesendete Impulsdichte war mit der Zahl der gemessenen Impulsdichte auf der Empfangsseite identisch. Die Meßergebnisse gibt Tab. 2 wieder.

Tab. 2. Prüfung der Anfälligkeit der Anlage gegen äußere Störungen

| Lage des Magnetzünders | Impulsdichte des Generators Imp./s | Impulsdichte ohne Magnetzünder Imp./s | Impulsdichte mit Magnetzünder Imp./s |
|---|---|---|---|
| Am Sendegerät | 200 | 398 | 398 |
| | 500 | 999 | 999 |
| | 1000 | 1999 | 1999 |
| | 2000 | 3999 | 3999 |
| | 5002 | 10004 | 10003 |
| Am Empfangsgerät | 200 | 399 | 399 |
| | 500 | 999 | 999 |
| | 1000 | 1998 | 1998 |
| | 2000 | 4000 | 3999 |
| | 5003 | 10004 | 10004 |

## Anwendungsbeispiele

Die beschriebene Anlage wurde zur Untersuchung der Wirkungsweise folgender Landmaschinen angewandt:

- Einzelkornsämaschinen für Mais und Zuckerrüben,
- Spritzgeräte für die Schädlingsbekämpfung von Hackfrüchten (Kartoffel),
- Düngerstreuer für Granulatdünger.

Bei allen Versuchen wurde das aus einem Molybdän-Technetium-Generator eluierte $^{99m}$Tc zur Markierung benutzt.

Die Saatkörner wurden in das wäßrige Natriumpertechnetat enthaltende Eluat getaucht, oder mit diesem in Spezialeinrichtungen besprüht. Die Homogenität der Markierung der Körner wurde autoradiographisch und durch Aktivitätsmessungen geprüft.

In allen Fällen befand sich die Sendeanlage entweder auf einem Anhänger, einem Kraftfahrzeug oder auf einem Handwagen. Das Fahrzeug war jeweils an einem Rad mit einem Signalgeber versehen. Durch Kurzschluß wurden Radioimpulse ausgesandt, wodurch die zurückgelegte Strecke signalisiert wurde und somit die Abstände zwischen den gesäten Körnern an den verschiedenen Stellen des Feldes bestimmt werden konnten.

In Abb. 1 ist die Einrichtung bei einem Einsatz auf einem Versuchsfeld dargestellt. Abb. 2 zeigt den Schreiberstreifen mit der Aufzeichnung der Aktivitätsverteilung, aus der sich die Lage der Körner im Boden und die Entfernungsmarken ergeben.

Abb. 1. Meßwagen mit dem Sendegerät auf einem Versuchsfeld

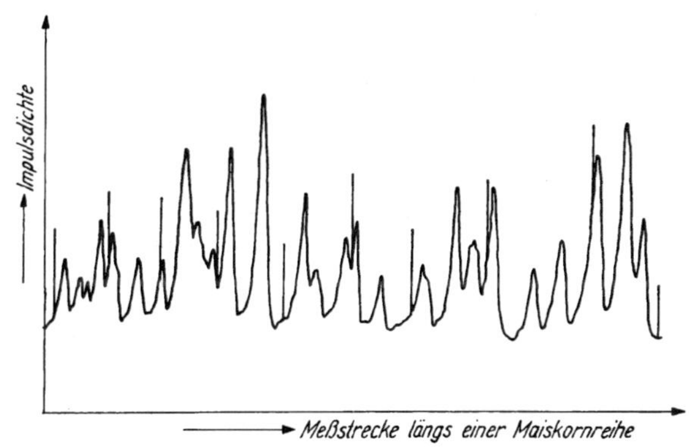


Abb. 2. Verteilung der Impulsdichte längs einer Maiskornreihe

Die Genauigkeit der erzielten Ergebnisse hängt in hohem Grad von der Transportweise des Meßwagens ab; daher konzentrieren wir uns gegenwärtig vor allem auf die Konstruktion eines Wagens, der einen ruhigen und gleichmäßigen Transport gewährleistet, insbesondere auf einem frisch umgebrochenen Acker.

Unsere Einrichtung wurde auch als Stationäranlage geprüft und zeigte bei Industriemessungen große Anwendungsmöglichkeiten. Dies ergab sich aus Versuchen in der Zementindustrie, die durch andere Isotopenlabore durchgeführt wurden.

Eingegangen am 3. 3. 1982
Überarb. Fassung am 4. 6. 1982

## Literatur

[1] *M. Radwan, M. Milanowski, J. Kosmosiński, A. Przybylska*, Исследование функциоальности цродовольственных машин. Bericht über das Symposium des RGW, Leipzig 1978, Bd. 1, 274

[2] *M. Radwan, K. Gibas, M. Milanowski*, Nukleonika 25 (1980) 1329

# Untersuchung der Oberflächeninhomogenität von Metallen mit der Radioindikationsmethode

*J. Kónya, P. Joó, Cs. M. Buczkó*

(Isotopenlaboratorium der Kossuth Lajos Universität Debrecen, Ungarn)[1])

*Eine neue Methode zur Untersuchung der Oberflächeninhomogenität mit Hilfe der Festkörper-Spurdetektoren wurde entwickelt. Die Verteilung der Spuren gibt eine gute Möglichkeit, den kathodischen bzw. anodischen Flächenteil von Metalloberflächen zu bestimmen. Die beschriebene Methode ist relativ einfach. Sie erlaubt eine Prognostizierung der Auflösungsstellen bzw. der Stellen, wo Rosterscheinungen zu erwarten sind.*

**Keywords**

corrosion; dielectric track detectors; lead 212; surfaces; tracer techniques

Die Korrosionseigenschaften der Metalle werden in bedeutender Weise von ihrer Oberflächenstruktur beeinflußt. Bei entsprechenden Umweltbedingungen bilden sich infolge der Oberflächeninhomogenität an der Oberfläche galvanische Elemente heraus. Diese Mikroelemente steuern den Materialtransport an der Metalloberfläche.

Die Untersuchung der Oberflächeneigenschaften ist eine ausgesprochen komplexe Aufgabe, zu deren Studium die folgenden Methoden erfolgreich angewandt werden können: Ellipsometrie [1], Emissions- und Reflexionsspektrometrie [1, 2], Radio-Tracer-Technik.

Eine umfangreiche Auswahl der angewandten Methoden bilden diejenigen, bei denen die Metalloberfläche mit nuklearen Teilchen oder Photonen bestrahlt und anschließend die Energie oder die Winkelverteilung der austretenden Teilchen untersucht wird (Spektrometrie).

Bei entsprechender Auswahl der zur Bestrahlung verwendeten Teilchen in bezug auf Typ und Energie lassen sich aus beliebiger Tiefe der Oberflächenschicht Informationen gewinnen. Diese Methoden bieten auch die Möglichkeit zur Untersuchung der Oberflächeninhomogenitäten. Ihr Nachteil sind teure Spektrometer und komplizierte Bedienung. Eine andere große Gruppe der Untersuchungen wird von Verfahren gebildet, die die Menge der an den Metallen adsorbierten radioaktiven Isotope in Abhängigkeit von Temperatur, Konzentration und Zeit bestimmen. Die besten Ergebnisse wurden bei Isotopenaustausch-Untersuchungen erzielt [3—5]. Ihr Nachteil ist, daß sie Informationen von den durchschnittlichen Eigenschaften der Metallfäche geben, eine örtliche Verteilung der Heterogenitäten aber nicht widerspiegeln.

Über die Verteilung der Inhomogenitäten kann man — an Hand der Adsorption der radioaktiven Teilchen — mit Hilfe der Photoemulsions-Autoradiographie-Technik Aufklärung bekommen. *Simnad* und *Ruder* [6] stellten als erste an Hand von Untersuchungen solcher Art fest, daß die angezeigten Kationen aus den kathodischen Zellen der Metallflächen austreten. *Tingley* [7] kam zu einem ähnlichen Ergebnis, als er den Austausch von $^{110}Ag^{+}$ an der Silberfläche mit der autoradiographischen Methode studierte.

Bei Auswertung der autoradiographischen Aufnahmen mit dem Elektronenmikroskop ist eine Auflösung von ca. 0,1 μm erzielbar, womit ein informatives Bild von der Struktur der Fläche gewonnen werden kann. Trotzdem hört man nur selten etwas über die Anwendung dieser Methode zu Korrosionsbestimmungen. Der Grund für diese seltene Anwendung ist wahrscheinlich die umständliche Meßtechnik.

Ziel unserer Versuche war es, zur Untersuchung der Oberflächeninhomogenität eine solche Methode auszuarbeiten, die über die Vorteile der autoradiographischen Technik verfügt, jedoch ohne deren Kompliziertheit. Diese Methode glauben wir in der Anwendung der Festkörper-Spurdetektoren gefunden zu haben. Ihr großer Vorteil der AgBr-Emulsion gegenüber besteht darin, daß sie *lichtunempfindlich* ist, und somit auch im Hellen damit gearbeitet werden kann.

## Der Nachweis von radioaktiven Isotopen mit Festkörper-Spurdetektoren

Zum Nachweis von schweren, geladenen Teilchen (Alpha-Teilchen, beschleunigte schwere Ionen) sowie der Spaltprodukte werden die Festkörper-Spurdetektoren in den letzten Jahren verbreitet angewandt. Die theoretische Grundlage des Detektierens besteht darin, daß die stark ionisierten Teilchen während ihres Durchganges durch isolierende Festkörper (Einkristalle, Glas, organische Polymere) längs ihrer Bahn submikroskopische Veränderungen hervorrufen. Mittels chemischen Ätzens können diese primären Spuren in den μm-Bereich verstärkt und ähnlich der Emulsionstechnik auch entwickelt werden.

Bei der Erforschung der für den Nachweis anwendbaren Materialien und der Ausarbeitung der Entwicklungstechnik der primären Spuren in unterschiedlichen Materien führten *Fleischer* und Mitarbeiter, sowie *Somogyi* und Mitarbeiter [9, 10] ausführliche Untersuchungen durch.

Zum Nachweis von Alpha-Teilchen werden am häufigsten Zellulosenitrat- und Zellulosetriacetatfolien benutzt. Spaltprodukte werden mit Polykarbonatfolien (Lexan, Macrofol) nachgewiesen. Ihre Entwicklung erfolgt in NaOH- oder KOH-Lösung. Bei senkrechtem Einfall der zur Bestrahlung verwendeten Teilchen sind die sich herausbildenden Spuren kreisförmig. In Einkristallen und Gläsern spiegelt die Gestalt der Spuren die Kristallstruktur wider. Ihre Entwicklung wird im allgemeinen in HF durchgeführt.

Das Ausmaß der erzeugten primären Spuren ist abhängig von der Art der ionisierten Teilchen und ihrer um die Folie

[1]) Anschrift: H-4010 Debrecen, VR Ungarn

abgegebenen Energie, während der Durchmesser der entwickelten Spuren auch von der Entwicklungszeit, der Konzentration der Entwicklungslösung und der Temperatur abhängig ist.

Das Bestrahlen der Festkörper-Spurdetektoren, das Entwickeln der Spuren und die mikroskopische Auswertung der Filme setzt nur eine sehr einfache technische Ausrüstung voraus.

Zu unseren Untersuchungen verwendeten wir $^{212}$Pb-Isotope, die wir aus $^{288}_{90}$Th-(Radiothorium)-Präparat herstellten.

Unter den Tochter-Elementen befinden sich mehrere alphastrahlende Elemente. Der Vorteil der Anwendung des oben erwähnten Isotops besteht darin, daß es eine kurze Halbwertszeit besitzt und schnell inaktiv wird, wodurch die Möglichkeit besteht, die Messungen an demselben Muster mehrmals zu wiederholen; weiterhin, daß es auf Grund seines Standardpotentials an der Metallfläche leicht abgeschieden wird.

## Versuchsmethode

Die zu untersuchende Metalloberfläche geben wir für einige Minuten in eine $^{212}$Pb-Isotope enthaltende korrosive Lösung (3%ige KCl). Während dieser Zeit häuft sich an der Metalloberfläche die radioaktive Substanz als Ergebnis der im folgenden ausführlich behandelten Vorgänge an. Das aus der Lösung entfernte Metall wird abgespült, getrocknet und anschließend so auf den Spurdetektorfilm gegeben, daß zwischen Metall und Detektor ein Absorbens eingefügt werden kann, dessen Dicke so gewählt wird, daß nur die senkrechten der aus der Metallfläche austretenden Alpha-Teilchen durchgelassen werden, während die schräg austretenden Teilchen absorbiert werden. Diese Anordnung wird in Abb. 1 veranschaulicht.

Zu unseren Untersuchungen verwendeten wir Kodak LR 115 Spurdetektorfilme Typ II, die nach ihrer Bestrahlung bei 64,5 °C in einer 6 M NaOH-Lösung entwickelt wurden. Die Temperatur wurde stabilisiert, indem die Entwicklungslösung in kochendes Methanolbad gegeben wurde. Die erforderliche Entwicklungszeit betrug 80 Minuten.

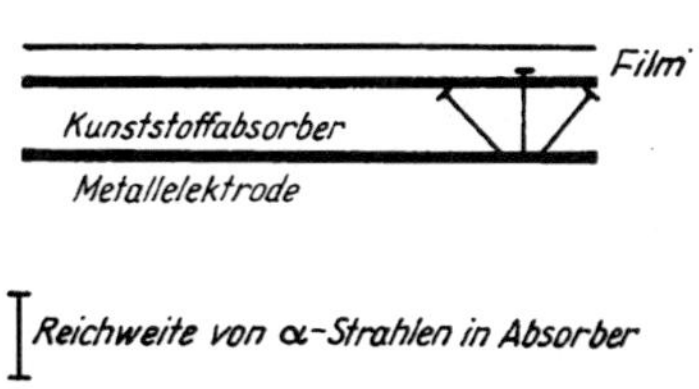


Abb. 1. Die Anordnung des Spurdetektorfilmes und der Elektrode während der Exposition

## Die Anordnung des $^{212}$Pb an der Metalloberfläche

Bei einer Untersuchung der von den verschiedenen Flächen angefertigten Aufnahmen des Spurdetektors (Dichtenverteilung der Spuren, der auf den Detektor senkrecht auftreffenden Alpha-Teilchen) konnten wir feststellen, daß die Spurdichte manchmal verschieden und in anderen Fällen wieder annähernd gleichmäßig ist.

Daraus ergibt sich die Frage, wo sich die auf der Metalloberfläche ankommenden markierten $Pb^{2+}$-Ionen anordnen, auf welche Art sie auf die Fläche kommen und auf welche Weise die Spurdetektoraufnahmen ausgewertet werden können.

Aus wäßriger Lösung kann $^{212}$Pb an der Metalloberfläche angereichert werden:

1. in Austauschvorgängen (zwischen dem Metall bzw. der Deckschicht und der in der Lösung vorhandenen Ionen);
2. der kathodischen Abscheidung der $Pb^{2+}$-Ionen wegen;
3. als Ergebnis der auf der Metalloberfläche bzw. an der Fläche befindlichen Oxidschicht vor sich gehenden Adsorption.

Unter Berücksichtigung der aufgeführten Vorgänge ist feststellbar, daß die $Pb^{2+}$-Ionen mit größerer Wahrscheinlichkeit an kathodischen Stellen abgeschieden werden als an anodischen, daß also die größere Spurdichte auf den Spurdetektorfilmen den kathodischen Flächenteil anzeigt.

Um unsere Feststellungen in bezug auf die Abscheidung der $Pb^{2+}$-Ionen zu beweisen, führten wir Modelluntersuchungen durch, bei denen wir auf Metalloberflächen gleichen Potentials in makroskopischen Massen die anodischen und kathodischen Elemente voneinander trennten.

Aus verschiedenen Metallen — in einem Falle aus Metall und Kohlenstoff — stellten wir folgende Elementpaare zusammen: Al—Pb, Al—C, Al—Sn, Al—Ni, Al—Fe, Al—Zu, Al—Al. Als Elektrolyt verwendeten wir eine solche 3%ige KCl-Lösung, die die $^{212}$Pb-Isotope in sehr kleiner, radiochemisch aber gut nachweisbaren Menge enthielt.

Mit Hilfe eines Potentiostaten, der mit einer IR-Kompensationseinheit versehen ist, stellten wir das Potential der Flächen beider Elektroden auf gleiche Werte ein (Radelkis Typ. OH 405). Die Meßanordnung ist auf Abb. 2 zu sehen. Mit ihr wurde gesichert, daß das Potential beider Elektroden den gleichen Wert aufweist. Bei jedem Elementpaar wurden Versuche von gleicher Zeitdauer durchgeführt, wobei sich das elektrochemische Gleichgewichtspotential so einstellte, daß das Aluminium anodisch polarisiert wurde und sich die andere Elektrode im kathodisch polarisierten Zustand befand. Nach Entfernung der Lösung aus der Versuchszelle, Abspülen der Elektrode mit bidestilliertem Wasser und Ab-

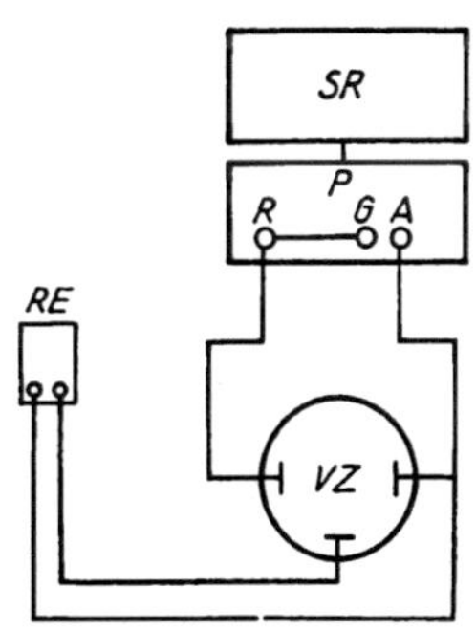


Abb. 2. Schaltskizze der angewandten Versuchs-Korrosionseinrichtung
*P* — Potentiostat; *SR* — Stromregistriergerät; *RE* — Röhrenvoltmeßgerät mit großem inneren Widerstand; *VZ* — Versuchszelle; *G* — Gegenelektrode; *R* — Referenzelektrode

trocknen mit Filterpapier wurde der Detektorfilm — der Anordnung von Abb. 1 entsprechend — auf die Fläche der Elektrode gegeben. Nach Ablauf der erforderlichen Belichtungszeit wurde der Film wie oben beschrieben entwickelt. Der gesamte Arbeitsablauf wurde im Hellen durchgeführt, da der Film lichtunempfindlich ist.

## Die Auswertung der Versuche

Abb. 3 zeigt einige Festkörperspurdetektoraufnahmen der erwähnten Elementpaare. Bei den Versuchen, die die Anreicherung des $^{212}Pb$-Isotops bestimmen, wurde der Korrosionsstrom gemessen bzw. daraus die durchgeflossene Ladungsmenge berechnet. Die Rolle der $Pb^{2+}$-Ionen wurde ihrer geringen Konzentration wegen ($<10^{-15}$ mol · dm$^{-3}$) nicht berücksichtigt.

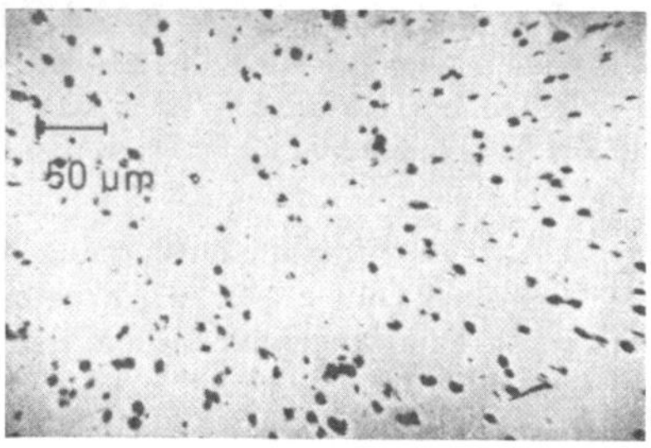


a

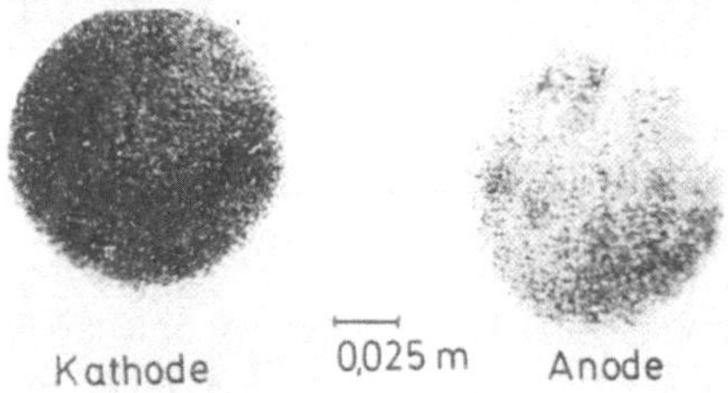


b

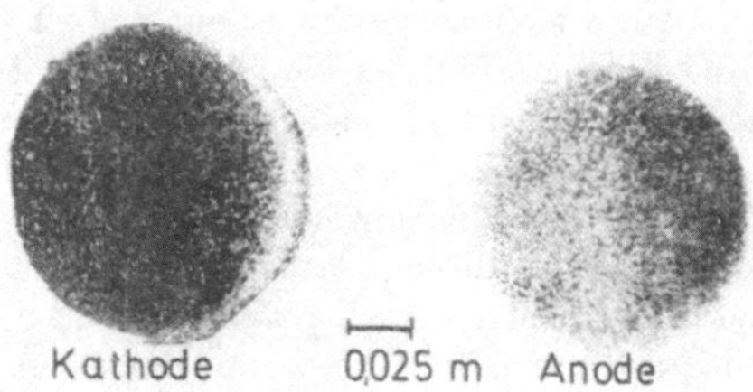


c

Abb. 3. Von der Fläche der Elektroden angefertigte Festkörper-Spurdetektoraufnahmen

a – Mikroskopische Aufnahme von den Spuren; b – Aufnahme von der Fläche des Cu–Al Elementes; c – von dem Ni–Al Element

Das an der Fläche befindliche Blei wird am Detektor mit jeweils einer Spur angezeigt, so daß die Spuren auf der von der Elektrode angefertigten Aufnahme eine Funktion der Blei-Abscheidung sind. Die Stelle des abgeschiedenen $^{212}Pb$ ist leicht identifizierbar, da wir zwischen die Elektrodenfläche und den Detektor einen so dicken Absorbenten eingeführt haben, daß nur die senkrecht auftreffenden Teilchen vom Film angezeigt werden können.

In Abb. 4 ist das Verhältnis der Spurdichte als Funktion des Logarithmus der durchströmten Ladungsmenge dargestellt, bezogen auf die Anodenfläche.

In Abb. 5 wird der Logarithmus des Verhältnisses der Spurdichte in Abhängigkeit vom Korrosionspotential gezeigt, wobei das Korrosionspotential auf eine gesättigte Kalomelelektrode bezogen ist. Die in den Abbildungen mit „b" gekennzeichneten Geraden stellen die Ergebnisse der Messungen dar, die am Al–Al Elementenpaar gemessen wurden. Es ist zu sehen, daß wir auch in diesem Falle ähnliche Geraden erhalten, wie bei den unterschiedlichen Elementenpaaren, nur daß der Neigungswinkel der Kurve abweicht.

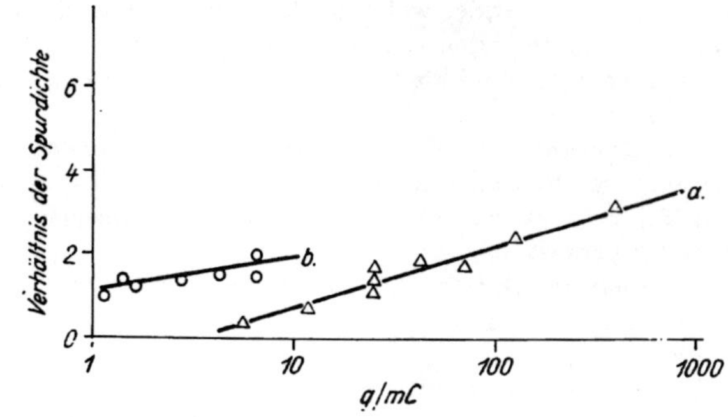


Abb. 4. Verhältnis der Spurdichte als Funktion des Logarithmus der durch die Zelle geflossenen Ladungsmenge $q$ (das Verhältnis wurde auf die Spurdichte der Fläche des Aluminium bezogen)

Bei der Geraden a besteht die Anode aus Al, die Kathode dagegen aus Metallen verschiedener Qualität, bei der Geraden b sind beide Elektroden aus Aluminium

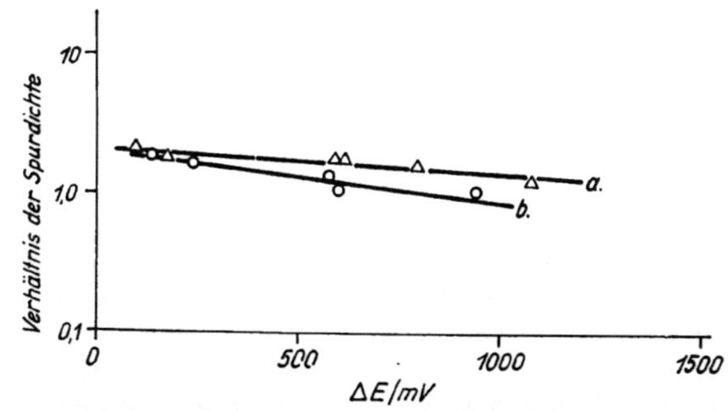


Abb. 5. Logarithmus des Spurdichtenverhältnisses an Abhängigkeit vom Korrosionspotential (die Bezeichnung der Geraden stimmt mit der von Abb. 4. überein.)

Die Versuche beweisen, daß die $Pb^{2+}$-Ionen an den kathodischen Flächenelementen in größerer Menge abgeschieden werden als an den anodischen. Mit Hilfe dieser Untersuchungen konnte die Bestimmung der kathodischen Flächenanteile verwirklicht werden. Natürlich beziehen sich die Ergebnisse nur auf die $Pb^{2+}$-Ionen, wobei jedoch die auf diese Weise erzielten Ergebnisse einen Einblick in die Korrosionseigenschaften von Metalloberflächen geben, wofür auch der folgende Versuch einen überzeugenden Beweis darstellt.

An der Aufnahme, die von einer einzigen Eisenelektrode gemacht worden war, untersuchten wir die Verteilung der Spurdichte (Abb. 6). Die vorher polierte Eisenelektrode tauchten wir in die beschriebene Korrosionslösung und fertigten von ihr nach der bereits erläuterten Methode eine

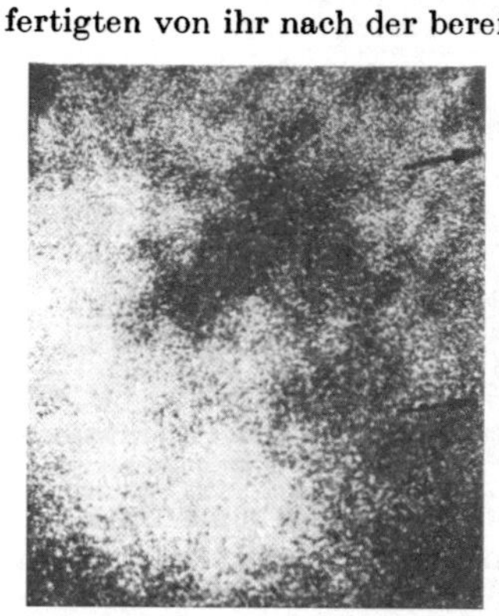

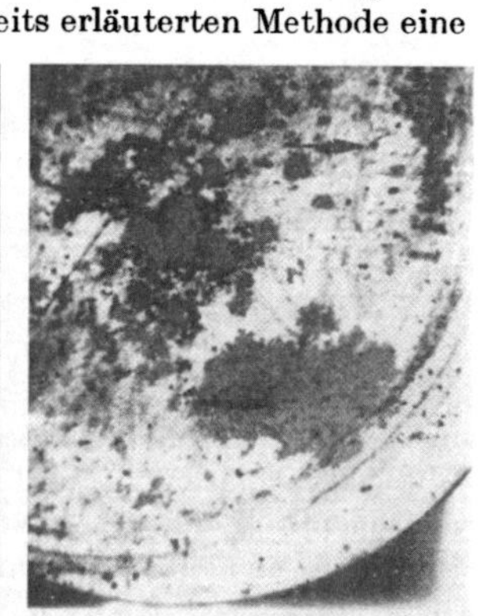

a b

Abb. 6. a – Spurdetektoraufnahme von der Fläche der Eisenelektrode; b – Aufnahme von der Elektrode nach einem längeren Lagern derselben

Spurdetektor-Aufnahme an. Bei der Eisenelektrode, bei der die Flächen-Aufnahme eine gleichmäßige Verteilung der Spurdichte aufwies, konnten auch nach Verlauf eines halben Jahres keine Korrosionsspuren festgestellt werden. Bei den Elektroden dagegen, bei denen die Verteilung der Spurdichte ungleichmäßig war – d. h. daß an bestimmten Flächenteilen eine Anreicherung stärkeren Ausmaßes oder das Fehlen derselben zu bemerken war –, erscheinen dort Korrosionsspuren, Rostflecke. Die Stellen dieser Rostflecke stimmten mit den Stellen großer Spurdichte überein (Abb. 6a und 6b).

An Hand der erwähnten Tatsachen scheint die Spurdetektor-Methode zu einer qualitativen Bestimmung der Stellen unterschiedlichen Potentials an Metalloberflächen geeignet zu sein. Als Vorteil der Versuchstechnik möchten wir ihre Einfachheit hervorheben, da nicht im Dunkeln gearbeitet werden muß, wie es zum Beispiel bei der Emulsions-Autoradiographischen Methode notwendig ist. Andererseits erlaubt sie eine schnelle Information über den Zustand der Oberfläche. Unseren Schätzungen zufolge kann mit dieser Methode eine Auflösung von 10 µm erreicht werden, womit sie sich dem Auflösungsvermögen der Emulsions-Radiographischen Technik nähert. Die $^{212}Pb$-Isotope verfügen über eine kurze Halbwertszeit, so daß sie sehr schnell abgebaut werden und der untersuchte Gegenstand genauso weiter verwendet werden kann, als wenn er nicht mit radioaktivem Material in Berührung gekommen wäre. Das hochemanierende Radiothor-Präparat ($^{228}Th$), aus dem wir das $^{212}Pb$ abscheiden, ist im Handel leicht beschaffbar.

Eingegangen am 19. 5. 1982
Überarbeitete Fassung am 22. 6. 1982

### Literatur

[1] *J. Heitbaum, W. Vielstich*, Angew. Chem. **86** (1974) 756
[2] *D. Berényi*, Kémiai Közl. **49** (1978) 297
[3] *R. P. Eischens*, J. Chem. Phys. **19** (1951) 377
[4] *J. Miller, G. Tóth*, Magy. Kém. Foly. **78** (1972) 265
[5] *L. Gy. Nagy* et al., Kém. Közl. **49** (1978) 309
[6] *M. T. Simnad, R. C. Ruder*, J. Electrochem. Soc. **98** (1951) 301
[7] *I. I. Tingley* et al., Can. J. Chem. **34** (1956) 14
[8] *R. L. Fleischer, P. B. Price, R. M. Walker*, Nuclear Tracks in Solids, University of California Press, Los Angeles. 1975
[9] *H. Somogyi, M. Várnagy, G. Pető*, Nucl. Instr. Methods **59** (1968) 299
[10] *G. Somogyi, S. A. Szalay*, Nucl. Instr. Methods **109** (1973) 211

# Separation of Ammonium and Nitrate for Isotopic Analysis of Nitrogen 15 Using Vacuum Distillation Method

*A. I. M. Aly, M. A. Mohamed*

(Atomic Energy Establishment, Nuclear Chemistry Department, Cairo, Egypt)

*The parameters affecting the vacuum distillation method for quantitative separation of ammonium and nitrate for mass spectrometric determination of $^{15}N$ were investigated. The vacuum distillation was found to be advantageous to steam distillation method because no interference from organic compounds was encountered, greater volumes could be processed and no previous evaporation of the water samples was necessary. The mass spectrometric isotopic analysis of nitrogen 15 proved the suitability of the vacuum distillation method for quantitative separation of ammonium and nitrate.*

**Keywords**

ammonium compounds; isotope analysis; isotope ratio; nitrates; nitrogen 15

## Introduction

Steam distillation was classically used to separate ammonium and nitrate in water and soil extracts [1]. The method depends on the short time of distillation and the small volume of the sample (less than 20 ml). However, for precise mass spectrometric analysis of $^{15}N$ in the natural range, much larger volumes of the samples are needed to give 1–2 mg N necessary. This requires a longer time of steam distillation with a possibility of interference from the alkali-labile organic compounds. Vacuum distillation has been also used for the determination of ammonia in microgram amounts in small volumes of sea water [2]. The aim of this work is to investigate the optimum conditions of the vacuum distillation method for quantitative separation of ammonium and nitrate from large volumes of water and soil extracts without interference from organic compounds. Control experiments will also be conducted in order to ensure that no isotopic fractionation of $^{15}N$ results during vacuum distillation.

## Experimental

Fig. 1 shows the vacuum distillation apparatus used for separation of ammonium and nitrate. The water or soil extract is placed in the reaction flask. The *p*H of the solution is adjusted to 11 by NaOH solution using a glass electrode meter. In both washing bottles, which are connected by

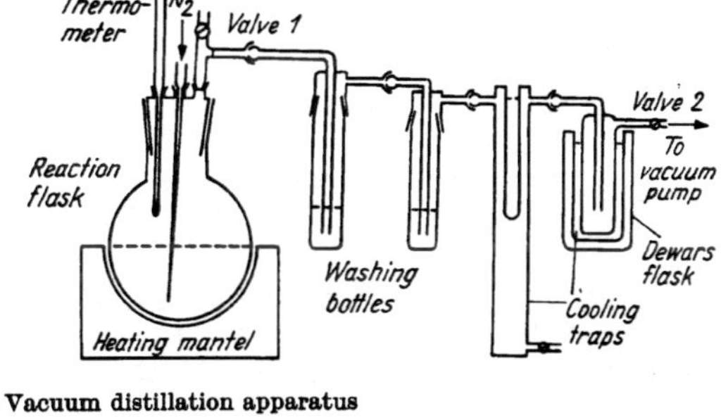


**Fig. 1. Vacuum distillation apparatus**

ball joints, 100 ml of 0·05 N sulphuric acid are placed. Valve 1 is closed and the cooling traps are filled with liquid nitrogen. The vacuum distillation starts by opening valve 2 to connect the apparatus to the rotary vacuum pump and connecting the nitrogen gas (purified by passing through conc. $H_2SO_4$) to the capillary tube. The reaction flask is heated to 50 °C by a heating mantel. After one hour complete distillation of ammonia is accomplished. The distillation is terminated by opening valve 1 to air. New washing bottles containing 100 ml of 0·05 N $H_2SO_4$ are connected to the reaction flask. About 200 mg of *Devarda* alloy are quickly added to reduce nitrate to ammonia, which is then distilled under vacuum as previously mentioned. The ammonium sulphate collected was chemically determined either by back titration using 0·05 N NaOH or spectrophotometrically by *Nessler* reagent. The *p*H of the collected ammonium sulphate is then adjusted to 3 and the solution is evaporated to dryness in a rotary vacuum evaporator.

For mass spectrometric determination of the $^{15}N$ content, the ammonium sulphate is oxidized to nitrogen using LiOBr The produced nitrogen gas is collected in a break-seal glass ampoule [3]. The isotopic analysis was carried out in a VG Micromass 602 D mass spectrometer with a double collector and ratio integrator. Nitrogen gas samples were measured against an air standard, which was freed from oxygen by heated copper. The difference in isotopic content of the sample and air standard is expressed as $\delta^{15}N^0/_{00}$ defined according the following equation:

$$\delta\,^{15}N = \frac{(^{15}N/^{14}N)_{sample} - (^{15}N/^{14}N)_{air}}{(^{15}N/^{14}N)_{air}} \times 1000$$

The accuracy of the measurements was better than 0·1 $\delta\,^{15}N\,^0/_{00}$. The details of calculations have been published elsewhere [4].

In order to ensure that no interference from organic compounds resulted, several representative amino acids and amino sugars (β-alanine, L-arginine, DL-aspartic, L-glutamic, glycine, L-leucine, DL-methionine) as well as urea were added at a rate of 2 mg N. At the conditions mentioned for vacuum distillation no detectable amount of ammonia was found in the washing bottles indicating no interference from organic compounds.

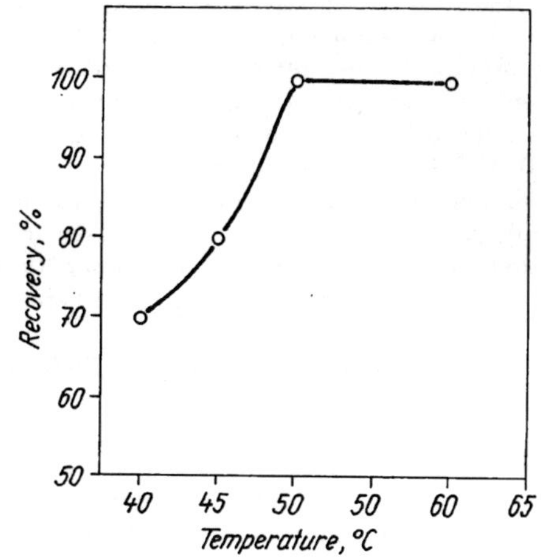


Fig. 3. Effect of temperature on the recovery of ammonium using vacuum distillation method

Conditions: added $NH_4^+$-N 2 mg, volume of solution 500 ml, *p*H 11, time 1 h

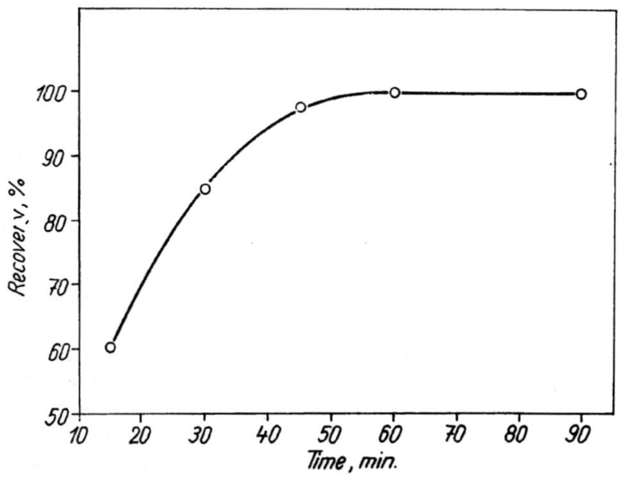


Fig. 4. Effect of time of vacuum distillation on the recovery of ammonium

Conditions: added $NH_4^+$-N 2 mg, volume of solution 500 ml, *p*H 11, temp. 50 °C

## Results and Discussion

Fig. 2, 3 and 4 show the effect of *p*H, temperature and time of vacuum distillation respectively on the recovery of added ammonium-N. The results indicate that the optimum conditions for vacuum distillation are *p*H 11, temperature 50 °C and time of 1 h.

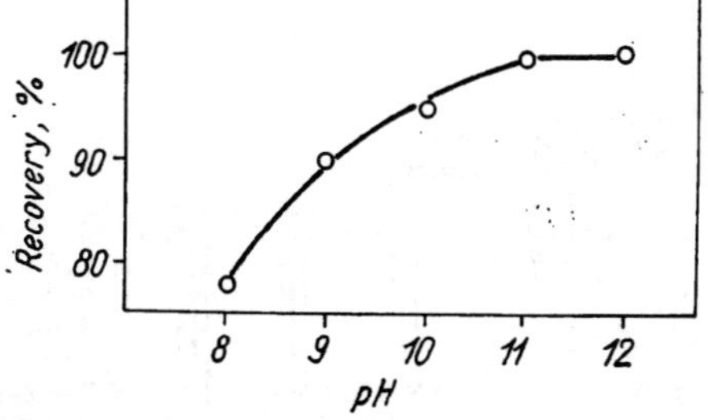


Fig. 2. Effect of *p*H on the recovery of ammonium using vacuum distillation method

Conditions: added $NH_4^+$-N 2 mg, volume of solution 500 ml, temp. 50 °C, time 1 h

Tab. 1 shows the recovery of different amounts of added ammonium-N in 500 ml of solution. Under the conditions of vacuum distillation 6 mg of added ammonium-N are quantitatively recovered.

Tab. 1. Recovery of different quantities of added ammonium by vacuum distillation
Conditions: volume of solution 500 ml, *p*H 11, temp. 50 °C, time 1 h

| Added $NH_4^+$-N mg | Recovered $NH_4^+$-N mg | % Recovery |
|---|---|---|
| 4 | 4·0 | 100 |
| 6 | 6·0 | 100 |
| 10 | 9·4 | 93 |
| 20 | 18·5 | 92·5 |

Tab. 2. Recovery of added ammonium by vacuum distillation from different volumes of solution
Conditions: added ammonium-N 6 mg, *p*H 11, temp. 50 °C, time 1 h

| Volume of Solution ml | Recovered $NH_4^+$-N mg | % Recovery |
|---|---|---|
| 500 | 6·00 | 100·0 |
| 1000 | 4·76 | 79·3 |
| 2000 | 4·41 | 73·5 |
| 3000 | 2·52 | 42·0 |

Tab. 3. Recovery of added nitrate by vacuum distillation
Conditions: volume of solution 500 ml, *p*H 11, temp. 50 °C, time 1 h

| Added nitrate-N mg | Recovered nitrate-N mg | % Recovery |
|---|---|---|
| 2 | 2·00 | 100·0 |
| 4 | 3·95 | 98·7 |
| 6 | 5·00 | 83·0 |
| 8 | 5·00 | 62·5 |
| 10 | 5·70 | 57·0 |

Tab. 4. $\delta^{15}N$ values for ammonium sulphate processed by different methods

| $\delta^{15}N$ for $(NH_4)_2SO_4$ directly converted | $\delta^{15}N$-$NH_4^+$ steam distillation | $\delta^{15}N$-$NH_4^+$ vacuum distillation |
|---|---|---|
| −1·33 | −1·1 | −1·2 |
| −1·50 | −1·7 | −1·9 |
| −1·65 | −1·4 | −1·6 |

The effect of the volume of solution on the recovery of ammonium was studied and the results are shown in Tab. 2. It is noted that the recovery of added ammonium decreases as the total volume of solution increases and 100% recovery is achieved in a 500 ml solution.

The results shown in Tab. 3 indicate that 4 mg Nitrate-N are quantitatively recovered under the same conditions of vacuum distillation.

Tab. 5. Comparison between $\delta^{15}N$ values for potassium nitrate processed by both vacuum and steam distillation methods

| $\delta^{15}N$-$NO_3^-$ steam distillation | $\delta^{15}N$-$NO_3^-$ vacuum distillation |
|---|---|
| 11·4 | 11·8 |
| 11·4 | 12·0 |
| 11·8 | 11·8 |

In order to study the applicability of the vacuum distillation method as a separation technique for isotopic analysis of nitrogen, a comparison was made between the $\delta\,^{15}N$ values for directly converted stock solution of ammonium sulphate and potassium nitrate and samples processed according to either steam or vacuum distillation methods. From Tab. 4 and 5 it is clear that no isotopic fractionation takes place during vacuum distillation.

It can be concluded that the vacuum distillation method offers a more suitable method than the steam distillation one for quantitative separation of ammonium and nitrate for isotopic analysis of the $^{15}N$ content for the following reasons:

1) No interference from alkali labile organic compounds is encountered because of the mild conditions used in the vacuum distillation method.
2) Greater volumes of solution can be processed.
3) No previous evaporation is necessary to reduce the volume of solution.
4) The separation of ammonium and nitrate is effected in one step. On the contrary, in the steam distillation method two separate fractions have to evaporated in a rotary vacuum evaporator — to reduce the volume; the first fraction for ammonium under acidic conditions to prevent loss of ammonia and the other fraction for nitrate under alkaline conditions to prevent loss of nitrate [5].

Received April 11, 1982

## References

[1] *J. M. Bremner, D. R. Keeney*, Anal. Chim. Acta **32** (1965) 485
[2] *J. P. Riley*, Anal. Chim. Acta **9** (1953) 575
[3] *A. I. M. Aly, H. Faust, E. Hallaba, M. A. Mohamed*, accepted for publication in: Arab J. Nuclear Sci. Applications
[4] *A. I. M. Aly, M. A. Mohamed, E. Hallaba*, J. Radioanal. Chem. **67** (1981) 55
[5] *A. I. M. Aly*, Ph. D. Thesis, Aachen University, Federal Republic of Germany, 1975

# A Rapid Procedure for Preparing Oxygen-18 Determination in Water Samples

*F. Buzek*

(Geological Survey, Prague)[1])

*An equipment for the speed $\delta^{18}O$ analysis of water samples is described. It used the equilibrium isotopic exchange reaction between water and $CO_2$ gas. Outgasing of samples through capillary without freezing down the samples, together with shaking during the equilibrium time, reduced considerably time for sample preparation.*
*Apparatus is air termostated with hand valves. Measured $\delta^{18}O$ values are not very sensitive to precision of preparation work and reaction conditions, except of temperature. With good temperature control the standard reproducibility of single measurement is better than $0,1^0/_{00}$.*

**Keywords**

isotope ratio; isotopic exchange; laboratory equipment; oxygen 18; sample preparation

Isotopic composition of oxygen in water is usually measured on $CO_2$, which has equilibrated with water sample. Isotopic exchange reaction described by eq. (1), is fully determined by the fractionation faktor $\alpha$ ($\alpha^{25°C}_{H_2O-CO_2} = 1,0412$ [ref. 1]).

$$H_2{}^{18}O + C^{16}O^{16}O \rightleftarrows H_2{}^{16}O + C^{18}O^{16}O \qquad (1)$$

For $\delta^{18}O$ analysis it is not necessary to consider fractionation between $CO_2$ and water. Under conditions of equilibrium exchange reaction the difference in isotopic composition of standard and sample is simply transfered into difference in isotopic composition of $CO_2$ gases. At constant temperature isotopic fractionation between $H_2O$ and $CO_2$ is the same for all samples, and only given by $\alpha$. It means that we simply compare the $\delta^{18}O$ in $CO_2$ equilibrated with standard water with $\delta^{18}O$ in $CO_2$ above unknown sample.

The original procedure is rather easy but also time consuming [2]. Modern modification [3] reduces considerably handling time during outgasing and equilibrium period, without loss of accuracy. Recently devices for water oxygen analysis are produced commercially by such firms like Micromass and Finnigan, and any own constructions have become rather obsolete. Nevertheless there still remain laboratories which used mainly their own preparation equipment (apparatus). For these we bring some details about our construction of water–oxygen set up.

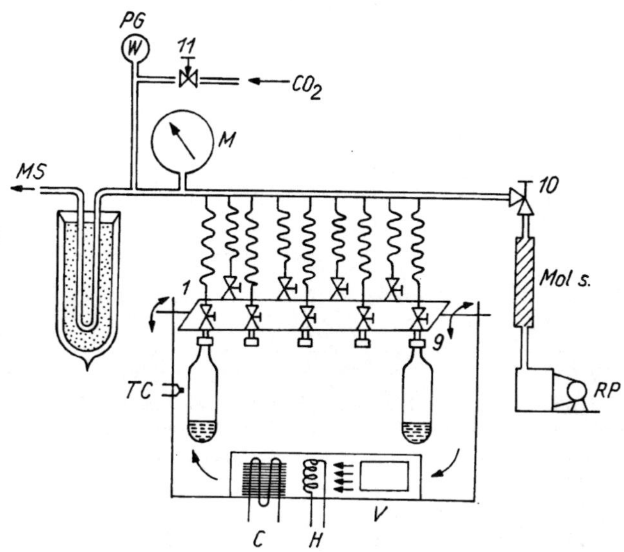


**Fig. 1.** Schema of apparatus
1 – 9 – valves with reaction vessels; 10 – pumping v.; 11 – admitting v., RP – rotary pump; Mol. s. – molecular sieve; PG – Pirani gauge; M – manometer; TC – control temperature unit; C – cooling d.; H – heating d.; V – ventilator

## Experimental

$\delta^{18}O$ analysis are carried on M 86 mass spectrometer (Atlas Bremen), with reproducibility of single measurement about $0{\cdot}08-0{\cdot}1^0/_{00}$. The equilibrium device is schematically drawn on Fig. 1. We used hand membrane brass valves (see Fig. 2), with simple O-ring joints for connecting glass reaction vessels. Valves are coupled to manifold through welded capillaries. This is the very using of capillaries which reduces essentially evaporation of water sample during outgassing period, and restrict back diffusion during admitting of $CO_2$. Capillaries are wounded into spirals welded on both ends to valves and manifold. Such coupling is fixed and vacuum tight. There are no problems with movement of reaction vessels during the shaking.

Placing of capillaries outside the reaction vessels between valves and manifold solves the problem of dead space at the orifice. Capillary tubing was made from a stainless capillary column (o.d. 1·2 mm, i.d. 0·25 mm) with lenght aprox. 250 mm. The equality of welded capillaries was controlled by measurement of leak rates during the pumping. There were differencies less than 10% between them.

All nine valves were mounted on the plate, which is rocking along the axis by movement of small laboratory shaker. Number of vessels (8 + 1) is quite suitable for common measurement.

## Procedure

Approximately 5 ccm of water sample is places into 60 ccm glass reaction vessel using a hypodermic syringe. Vessels are joined to valves and shaked during outgasing. Loss of water by evaporation was measured by weighing the vessel with sample during about 12 min of pumping (see Fig. 3). This pumping time seems to be quite sufficient resulted when comparing pumping rates of empty and sampled

[1]) Adress: Malostranske nam. 19, 118 21 Prague, Czechoslovakia

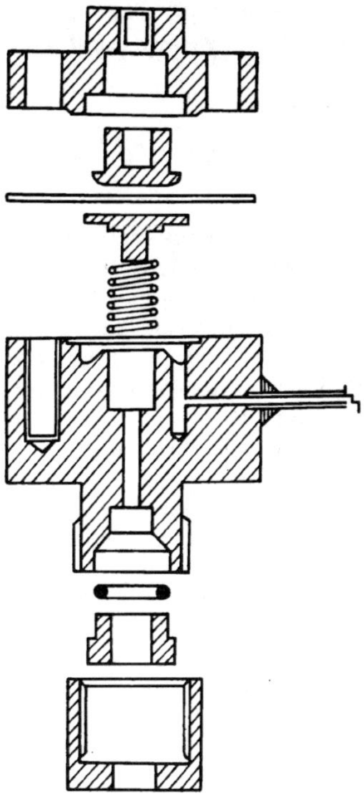

Fig. 2. Membrane valve

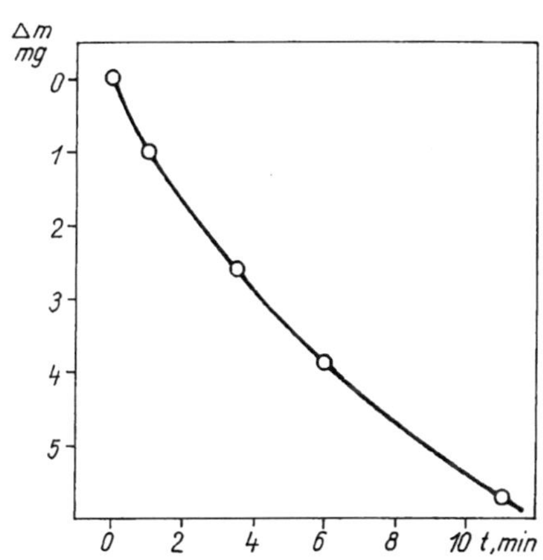


Fig. 3. Water loss of 2 ml sample against pumping time at 18·5 °C

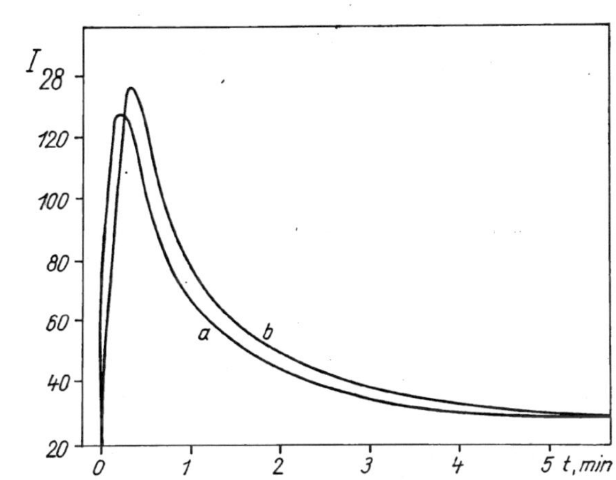


Fig. 4. Monitoring of m/e 28 (N2 + CO) during the pumping

a – empty r. vessel; b – vessel with 5 ml sample

vessel on Fig. 4. Evaporation losses are so low, that they cannot change measurably isotopic composition.

After reaching a residual pressure of aprox. 10 Pa ($10^{-1}$ Torr), $CO_2$ gas is admitted with pressure approximately 53 kPa (400 Torr). Valves are closed and vessels shaked for at least 2 1/4 h. Maintaining of isothermal conditions is quite essential for isotopic exchange reaction. Temperature of about 18 °C is usually used, which is well below room temperature. This is specially necessary for apparatus with water bath termostat because it avoids condensation of water vapour in the upper region of reaction vessels. Using of lower temperature promotes dissolution of $CO_2$ too, which is precusor of exchange reaction. Otherwise a higher temperature (e.g. 25 °C) is also used, with a higher exchange reaction rate [4].

Air thermostat has some advantages in comparison with water bath. Primarily all volume of reaction vessel is at the same temperature, and we simply use air as medium. We prepared thermostat from metal box insulated by polyurethan foam. Temperature was maintaned by using cooling and heating units together (both have power of approx. 300 W). Contact thermometer controlled temperature with precision ±0,15 °C. Because the air is rather poor heat transfer medium, good circulation with ventilator is necessary.

## Reaction conditions

The shaking of vessels accelerates considerably reaction rates which is necessary for this "express" equilibrium method [3]. Higher shaking frequency enlarged surface area and accelerates exchange reaction. Because in our case we did not have great possibility to change the frequency, we used a constant frequency of about 4 c/s. At this frequency equilibrium time is about 2–2 ½ h at 18.5 °C (see time dependence of $\delta$ value in Fig. 5). The same time is necessary for salt solutions as well. Generally the rate of

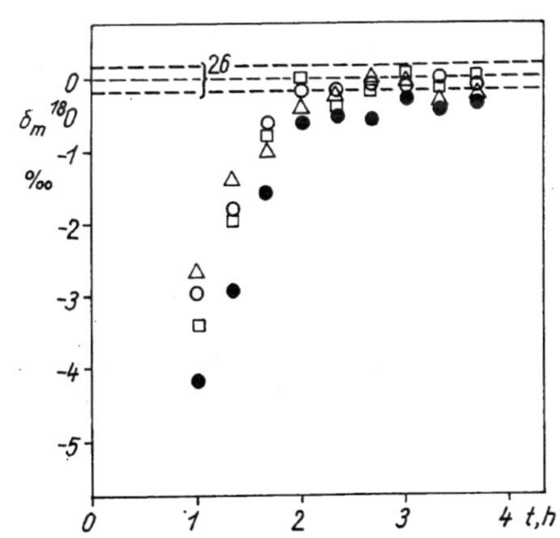


Fig. 5. Plot do determine the necessary time for equilibrium

○ – dest. water; ● – d.w. + 40 g/l $Na_2SO_4$; □ – d.w. + 40 g/l $NaHCO_3$; △ – d.w. + 100 g/l NaCl

Correction: in the top of the Fig. read 2σ instead of 26

exchange reaction is a function of $CO_2$ pressure, amount of water, and shaking frequency. In our case we have observed some dependences, which are presented for illustration in graphical form. There are dependences of $\delta$ value on $CO_2$ pressure (see Fig. 6) and sample volume (see Fig. 7), both at the same shaking frequency 4 c/s and equilibrium time

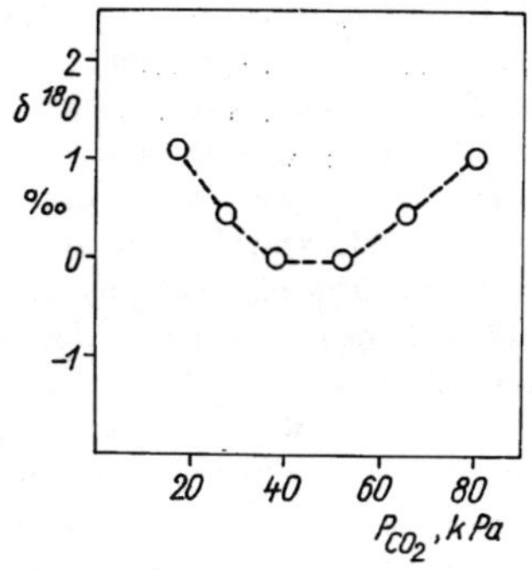


Fig. 6. Measured delta value $\delta^{18}_{m}O$ for different pressure of $CO_2$

equilibrium time $2^1/_2$ h, temperature 18·5 °C, shaking frequency about 4 c/s, sample volume 5 ml

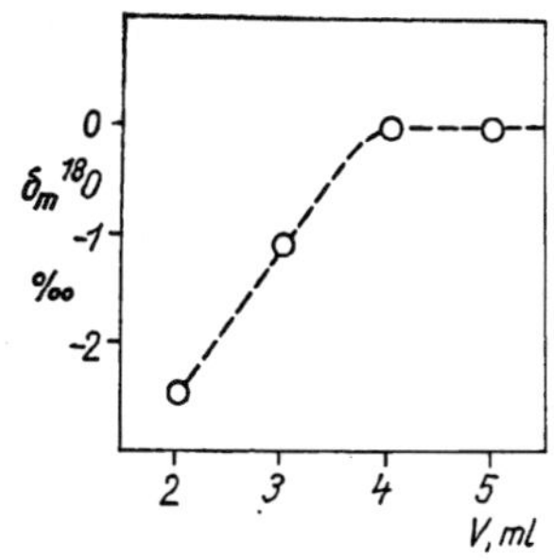


Fig. 7. Measured delta value $\delta^{18}_{m}O$ for different sample volume

equilibrium time $2^1/_2$ h, temperature 18·5 °C, shaking frequency about 4 c/s, pressure $CO_2$ 53 kPa (400 Torr)

about 3 h. With the exception of temperature the method is not very sensitive to precision of preparation procedure. Significial decreasing of amount of water sample needs reasonable increasing of $CO_2$ pressure, and equilibrium time.

## Conclusions

With the described equipment we have attained reproducibility of single measurement of about 0·1‰. Although published papers show better reproducibility, in IAEA survey dominated standard deviation higher (of about 0·2‰) [5].

The whole preparation procedure (performed with 8 + 1 samples) takes less than 3 h. It means that together with measurements of $\delta^{18}O$ (without evaluation of records) it is possible to analyze 16 samples per day. For hydrological laboratories a greater number of vessels on the manifold is advisable to increase productivity. In such a case 20 — 24 samples can be easily measured during a working day. Recent sophisticated mass spectrometers make use of elmag or pneumatic valves to take full advantage of semi- or fully automatic operation. In any way this is one of the few isotopic preparation methods, which allowed such automatic operation.

Received June 30, 1982

## References

[1] *Y. Matsuhisa, O. Matsubaya, H. Sakai*, Mass. Spectrosc. **19** (1971) 124
[2] *S. Epstein, T. Mayeda*, Geochim. Cosmochim. Acta **4** (1953) 213
[3] *W. Roether*, Int. J. Appl. Rad. Isotop. **31** (1970) 379
[4] *N. Kishima, H. Sakai*, Anal. Chem. **52** (1980) 356
[5] *R. Gonfiantini*, Nature **271** (1978) 534

# Decontamination Studies of Radioactive Uranium and Thorium Wastes by Natural Clays

*A. Al-Suhybani, S. Al-Khowaiter, F. Abou Al-Nour, E. Hallaba*

(Chemistry Department, College of Science, King Saud University, Riyad, Saudi Arabia)

*The uptake capacity of six natural local clays and one synthetic resin for thorium and uranium was determined at optimum pH values, fine mesh size of the clay and maximum time of uptake. The capacity of clay-4 was found to be 30 meq/100 g for $Th^{4+}$, and 14 meq/100 g for $UO_2^{2+}$. Precise estimation of uranium and thorium was made using a developed spectrophotometric method. Static and dynamic studies have been carried out. Kinetic studies on the ion exchange behaviour of thorium and uranium revealed two processes, a fast uptake mechanism at low pH due to ionic species and a slow one at higher pH due to polymeric species.*

## Keywords

clays; decontamination; illite; inorganic ion exchangers; kaoline; montmorillonite; thorium; uranium; waste mangement; wastes

## 1. Introduction

Effluents of radioactive wastes are classified according to their levels into high, intermediates and low wastes. Low active wastes accumulate during preparation of reactor fuels or in the recovery of burnt up reactor fuels or from the use of actinide elements and radioisotopes which is our case.

Natural inorganic ion exchangers involve several clay minerals, whose cation exchange capacity results from many factors [1 – 3].

Ground disposal is considered as one of the promising ways to get rid of many undesired low activity wastes [4]. Ground disposal pits can function as storage tanks or ion exchange columns [4, 5].

Previous work on thorium decontamination by natural local clays [6] indicated that the uptake capacity increases in the sequence: fine > medium > coarse; and that it increases with increase of *p*H. At higher *p*H of about 3·7, precipitation of thorium occurs.

This work is to supplement some additional fundamental data on the decontamination of some heavy alpha emitters through a study of their interaction with several local natural clay minerals and synthetic resin. It comprises the uptake and kinetic studies on the ion exchange behaviour of thorium and uranium nitrates. The kinetic studies aim to establish the rate controlling mechanism.

Uranium and thorium have been chosen for their special interest in the fields of nuclear materials and in reprocessing and waste treatment chemistry [7]. Besides, the nitrate forms of the two elements have been used since these forms prevail in the main waste and reprocessing solutions. The choice of uranium and thorium has also the advantage of greater availability and much lower toxicity involving much simpler handling and experimental techniques.

## 2. Experimental results and discussion

### 2.1. *Uptake studies of thorium and uranium*

Six local clays (C-1 to C-6) were chosen as natural inorganic ion exchangers for studying their uptake to $Th^{4+}$ and $UO_2^{2+}$ and determining their respective capacity. Clay-4 is the most abundant in Riayd area. The results of X-ray diffraction analysis of both bulk samples and their clay fractions as well as the semi-quantitative estimation of the clay minerals in the clay fraction of the samples are shown in Tab. 1. These exchangers involve mainly kaolinite, montmorilonite-illite mixed layer and illite. They are made of linked silica tetrahedral layers and alumina octahedral layers [3].

The uptake of $Th^{4+}$ and $UO_2^{2+}$ ions from $10^{-3}$ M solutions on natural clays and cation exchange resins at different initial *p*H values are given in Tab. 2 and 3. The results shown in these Tables indicate that the equilibrium is attained with most clays at *p*H value of 2 within 5–12 min, while

Tab. 1. Chemical Composition of Clay Samples

| Sample No. | $SiO_2$ % | $Al_2O_3$ % | $Fe_2O_3$ % | CaO % | MgO % | $Na_2O$ % | $K_2O$ % | $H_2O^-$ % | L.O.I. % | $Cl^-$ % | Total |
|---|---|---|---|---|---|---|---|---|---|---|---|
| C-1 | 42·91 | 4·35 | 1·09 | 25·74 | 1·35 | 0·43 | 0·67 | 0·83 | 21·87 | 0·04 | 99·28 |
| C-2 | 57·89 | 19·77 | 5·04 | 0·52 | 1·07 | 0·58 | 5·86 | 2·29 | 6·23 | 0·36 | 99·61 |
| C-3 | 36·16 | 13·38 | 4·02 | 7·72 | 7·71 | 0·96 | 2·95 | 5·45 | 20·08 | 0·54 | 98·97 |
| C-4 | 7·38 | 3·68 | 5·66 | 23·40 | 16·63 | 1·21 | 1·07 | 1·05 | 39·07 | 0·15 | 99·30 |
| C-5 | 52·47 | 17·72 | 4·94 | 0·68 | 2·97 | 1·70 | 4·17 | 6·73 | 7·75 | 0·52 | 99·65 |
| C-6 | 57·67 | 15·38 | 4·57 | 0·60 | 2·92 | 0.89 | 4·92 | 5·67 | 5·36 | 0·47 | 98·45 |

*) Loss on ignition mostly due to carbonates

Tab. 2. Uptake and capacity of natural clays (C-1 to C-6) and synthetic cationic Exchanger (Ex.) with $Th(NO_3)_4 \cdot 5\ H_2O$

| sample | Initial *p*H | Final *p*H | Equilib. uptake % | Reaction time min | Mechanism | Capacity meq/g |
|---|---|---|---|---|---|---|
| C-1 | 1·00 | 1·40 | v.l.**) | 30 | ion exch. | v.l.**) |
| | 2·00 | 6·81 | 0 | 5 | pption. | 0 |
| | 3·00 | 6·84 | 0 | 2 | pption. | 0 |
| C-2 | 1·00 | 1·00 | 17·30 | 30 | ion exch. | 0·069 |
| | 2·00 | 2·00 | 21·70 | 30 | ion exch. | 0·087 |
| | 3·00 | 3·00 | 30·70 | 30 | ion exch. | 0·123 |
| C-3 | 1·00 | 1·24 | 15·00 | 20 | ion exch. | 0·060 |
| | 2·00 | 3·50 | 91·20 | 8 | ion exch. | 0·365 |
| | 3·00 | 3·88 | 0 | 1 | pption. | 0 |
| C-4 | 1·02 | 3·37 | 40·00 | 8 | ion exch. | 0·160 |
| | 1·22 | 3·33 | 63·10 | 5 | ion exch. | 0·252 |
| | 1·30 | 3·35 | 72·00 | 5 | ion exch. | 0·288 |
| C-5 | 1·00 | 1·00 | 32·00 | 20 | ion exch. | 0·128 |
| | 2·00 | 2·00 | 62·00 | 12 | ion exch. | 0·248 |
| | 3·00 | 3·00 | 85·00 | 8 | ion exch. | 0·340 |
| C-6 | 1·00 | 1·00 | 49·30 | 30 | ion exch. | 0·197 |
| | 2·00 | 2·00 | 60·00 | 30 | ion exch. | 0·240 |
| | 3·00 | 3·00 | 77·00 | 30 | ion exch. | 0·308 |
| Ex.*) | 1·04 | 1·02 | 96·20 | 50 | ion exch. | 2·750 |
| | 2·00 | 1·90 | 98·20 | 50 | ion exch. | 2·830 |
| | 3·00 | 2·53 | 99·50 | 50 | ion exch. | 2·840 |

*) Ion exchanger I (strongly acid cation exchanger), Merk, conditioned with 2N HCl solution and washed till neutral
**) Very low

Tab. 3. Uptake and capacity of neutral clays (C-3 to C-6) and synthetic cationic exchanger (Ex.) with $UO_2(NO_3)_2 \cdot 6\,H_2O$

| sample | Initial *p*H | Final *p*H | Equilib. uptake % | Reaction time min | Mechanism | Capacity $UO_2$ meq/g | Capacity U meq/g |
|---|---|---|---|---|---|---|---|
| C-3 | 2·00 | 5·39 | 30·00 | 8 | ion exch. | 0·06 | 0·15 |
| | 3·00 | 5·46 | 70·00 | 16 | ion exch. | 0·14 | 0·44 |
| C-4 | 2·00 | 5·47 | 23·00 | 6 | ion exch. | 0·05 | 0·14 |
| | 3·00 | 5·70 | 75·00 | 2 | ion exch. | 0·14 | 0·43 |
| C-5 | 2·00 | 2·00 | 26·00 | 3 | ion exch. | 0·06 | 0·17 |
| | 5·00 | 5·00 | 39·00 | 2 | ion exch. | 0·08 | 0·23 |
| C-6 | 2·00 | 2·00 | 21·00 | 4 | ion exch. | 0·04 | 0·12 |
| | 5·00 | 5·00 | 28·00 | 4 | ion exch. | 0·06 | 0·18 |
| Ex. | 1·05 | 1·03 | 65·9 | 50 | ion exch. | 0·94 | 2·83 |
| | 2·00 | 1·96 | 83·5 | 50 | ion exch. | 1·19 | 3·58 |
| | 3·00 | 2·63 | 92·0 | 50 | ion exch. | 1·31 | 3·95 |
| | 4·00 | 2·83 | 96·0 | 50 | ion exch. | 1·37 | 4·12 |
| | 5·03 | 2·88 | 100·0 | 50 | ion exch. | 1·43 | 4·28 |

at *p*H value of 1 it requires 20—30 min. In case of cation exchange resin, it needs 50 min to attain such equilibrium. In addition, Tab. 2 shows ion exchange mechanism for thorium uptake at different *p*H values except for C-3 at *p*H 3 and C-1 at *p*H values of 2 and 3. Since very low uranium uptake was noticed at *p*H 1, only uptake studies at higher *p*H values were carried out as seen in Tab. 3. The uptake capacity of thorium and uranium on the clays and exchanger at different *p*H values are given in the Tables too.

### 2.2. *Small scale column technique experiment*

20 g of clay-4 were introduced into a column (25 cm × 2·5 cm). Thorium nitrate solution ($4 \times 10^{-3}$ M) were percolated through it. 5 c.c. aliquots were continuously withdrawn and measured. The rate of flow was about 5—6 drops/min. Three runs were carried out on three separate columns with thorium nitrate solution adjusted with $HNO_3$ to *p*H 1, 2 and 3. For all *p*H values examined, partial precipitation was expected to take place. The variation of % decontamination in function of the aliquot

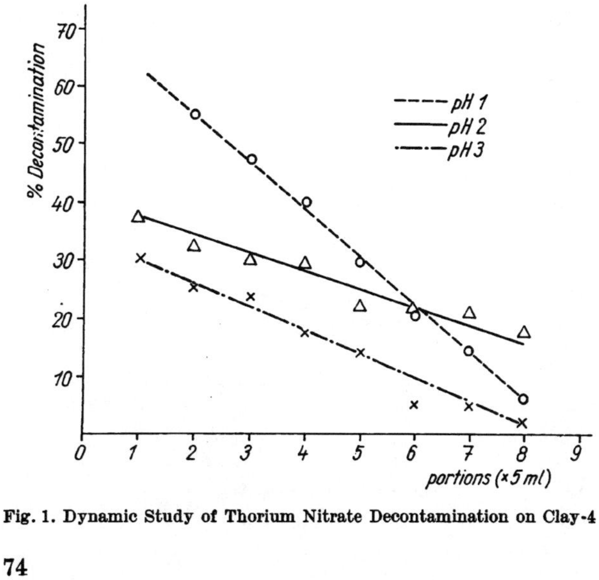


Fig. 1. Dynamic Study of Thorium Nitrate Decontamination on Clay-4

number is given in Fig. 1. They represent the decontamination capacity including both uptake and precipitation.

Our results indicate that at *p*H 1 higher decontamination occurs than at *p*H 2 and 3. This is due that the initial thorium nitrate solution is high enough to fully saturate the capacity of the clay, and that at *p*H 1 only partial precipitation occurs, while at *p*H 2 and 3 after saturation and precipitation excess thorium nitrate percolate through the column.

We found impractical to use powdered clays in ion exchange columns as they turned muddy and choking the influent flow. The raw clays have to be usable in ion exchange columns by binding them in stable form by heat treatment to granular size [8].

### 2.3. *Kinetics of thorium and uranium uptake*

In earlier work, we demonstrated that two mechanisms prevail in the adsorption of $Th^{4+}$ by natural clay, at low *p*H fast uptake mechanism and at higher *p*H a slow one [6].

It is known that the ion exchange process involve as slow steps either diffusion of ions in the liquid film adhering to the particles or ionic diffusion within the particles themselves or both phenomena [9].

The following equation is valid in case of film diffusion mechanism [10, 11]:

$$-\log\,(1 - Q_t/Q_e) = Kt \tag{1}$$

where: $Q_t$ is the amount exchanged at time $t$ [min]
$Q_e$ is the amount exchanged at equilibrium and
$K$ is constant.

On the other hand the following equation is applied in case of particle diffusion mechanism [12]:

$$Q_t/Q_e = \frac{6}{r}\sqrt{\frac{Dt}{\pi}} \tag{2}$$

where: $D$ is the internal diffusion coefficient of the sorbed ion
$r$ is the radius of the exchanger particle.

The rate determining step has been experimentally established by examining the plots between $Q_t/Q_e$ and time from the results given in Tab. 4 and demonstrated in Fig. 2.

Tab. 4. $Q_t/Q_e$-values for thorium and uranium uptake as a function of time

| sample | initial | $Q_t/Q_e$ | | | | | | | | |
|---|---|---|---|---|---|---|---|---|---|---|
| | $p$H | $\sqrt{t}$/min 0·7 | 1·00 | 1·41 | 1·73 | 2·00 | 2·24 | 2·45 | 2·65 | 2·83 |
| | | $\sqrt{t}$/min 0·5 | 1 | 2 | 3 | 4 | 5 | 6 | 7 | 8 |
| Th/C-4 | 1·02 | 0·05 | 0·11 | 0·25 | 0·38 | 0·50 | 0·63 | | | |
| | 1·22 | 0·05 | 0·16 | 0·21 | 0·57 | 0·79 | 0·86 | | | |
| | 1·30 | 0·07 | 0·21 | 0·46 | 0·71 | 0·88 | | | | |
| Th/C-5 | 1·00 | 0·16 | 0·31 | 0·52 | 0·69 | 0·83 | 0·94 | 0·97 | 0·98 | |
| | 2·00 | 0·16 | 0·35 | 0·76 | 0·87 | 0·94 | 0·98 | 0·99 | | |
| | 3·00 | 0·12 | 0·26 | 0·57 | 0·71 | 0·79 | 0·87 | 0·92 | 0·97 | |
| Th/C-6 | 1·00 | 0·15 | 0·35 | 0·61 | 0·81 | 0·87 | 0·88 | 0·88 | 0·89 | |
| | 2·00 | 0·15 | 0·33 | 0·58 | 0·72 | 0·78 | 0·83 | 0·87 | 0·91 | 0·93 |
| | 3·00 | 0·13 | 0·30 | 0·62 | 0·77 | 0·82 | 0·86 | 0·88 | 0·89 | 0·91 |
| U/C-4 | 2·00 | 0·11 | 0·26 | 0·44 | 0·54 | 0·61 | 0·70 | 0·78 | 0·83 | 0·87 |
| | 3·00 | 0·20 | 0·40 | 0·76 | 0·87 | 0·91 | 0·93 | 0·96 | 0·97 | 0·99 |
| U/C-5 | 2·00 | 0·08 | 0·27 | 0·62 | 0·81 | 0·89 | 0·92 | 0·96 | | |
| | 5·00 | 0·08 | 0·28 | 0·59 | 0·74 | 0·80 | 0·83 | 0·85 | 0·87 | |
| U/C-6 | 2·00 | 0·14 | 0·43 | 0·86 | 0·98 | | | | | |
| | 5·00 | 0·14 | 0·39 | 0·79 | 0·93 | 0·98 | | | | |

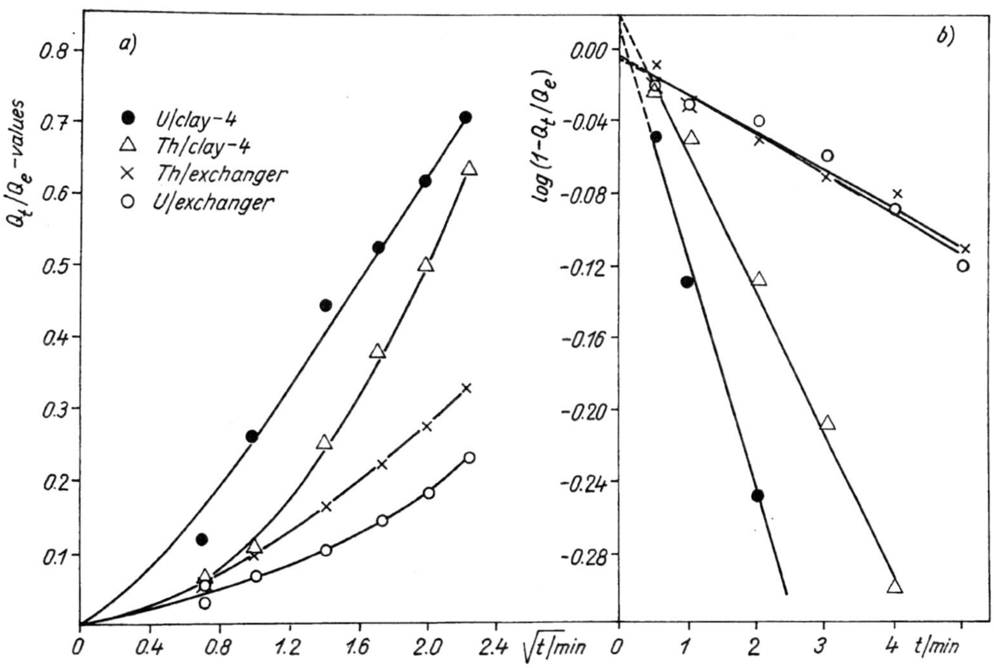


**Fig. 2.** Application of Particle Diffusion Mechanism (a) and Film Diffusion Mechanism (b) to Uptake of Thorium and Uranium on Clay-4 and Ion Exchanger

Equations (1) and (2) were applied to our kinetic data. Both equations revealed straight line relationships, indicating that a fast film diffusion mechanism affected by stirring velocity operates at the beginning followed by a slower particle diffusion mechanism leading to ion exchange in the available sites of the chosen clay. At low $p$H the uptake involves mainly simple ions and at higher $p$H the hydrolised ions of bigger size diffuse more slowly than the simple ions in the liquid films surrounding the grains of the clay, leading to slower rate.

## 3. Conclusion

Our results show that with carbonaceous clays such as C-1, C-3 and C-4, the $p$H of solution rises in parallel with $Th^{4+}$ and $UO_2^{2+}$ uptakes due to dissolution processes and uptake of $H^+$ ions. The uptake of $Th^{4+}$ by finest size clay is rapid in comparison to uptake of $UO_2^{2+}$. The capacity of clay-4 for $Th^{4+}$ is 30 meq/100 g and for $UO_2^{2+}$ it is 14 meq/100 g. Although this capacity is 10 times lower than the strong synthetic cation exchanger used, it is quite high considering clay as a cheap and local natural product.

With argileous clays such as C-5 and C-6, $Th^{4+}$ ions showed greater uptake due to the use of higher initial *p*H values without risk of $Th^{4+}$ precipitation, where isomorphous replacement plays a major role.

Application of unimolecular equilibrium equation as well as the internal diffusion equation revealed that two processes take part in the uptake mechanism, a rapid process at low *p*H followed by a second slow process at higher *p*H [6].

The effective rate constants as well as the internal diffusion coefficient *D* decreases with increase of *p*H due to formation of polymeric hydrolysis species of $Th^{4+}$ and $UO_2^{2+}$. Nevertheless uptake of actinide elements by natural clays proved be an economic process whenever the parameters are well defined.

## Acknowledgement

The authors deeply appreciate the cooperation of *Abdallah El-Sadek* for carrying the experimental work.

Received June 30, 1982

## References

[1] *G. W. Brindley, D. M. C. MacEvan*, "Structural Aspects of the Mineralogy of Clays and Related Silicates", *A. T. Green, G. H. Stewart* (Editors), Ceramics, a Symposium, British Ceramic Soc., Stoke-on-Trent, 1953, 15

[2] *D. Caroll*, Bull. Geol. Soc. America, 70 (1959) 749

[3] *R. E. Grim*, "Clay Mineralogy", McGraw-Hill Book Co., Inc. N.Y. 1968

[4] *H. C. Thomas*, Proc. Second Int. Conf. Peaceful Uses of Atomic Energy, U. N., 18 (1958) 37

[5] *A. Lieberman*, Proc. Second Int. Conf. Peaceful Uses of Atomic Energy, U.N., 18 (1958) 3

[6] *A. Al-Suhybani, S. Al-Khowaiter, F. Abou El-Nour, E. Hallaba*, Isotopenpraxis 18 (1982) 317

[7] *N. Z. Misak*, "Behaviour of Some Heavy Radioelements on the Inorganic Ionexchangers", Ph.D. Thesis, Cairo University (Egypt) 1971, 51

[8] *U. Chandra*, Bhabha Atomic Research Centre, B.A.R.C-457 (1970)

[9] *F. Helfferich*, "Ion Exchange", McGraw-Hill Book Co. Inc., N.Y., 1962

[10] *T. R. E. Kressman, J. A. Kitchner*, Discuss. Faraday Soc. 7 (1949) 90

[11] *V. S. Golubev, G. M. Panchenkov*, Zh. Fiz. Khim. 38 (1964) 1010

[12] *G. E. Libinson, E. M. Savitskaya, B. P. Bruns*, Zh. Fiz. Khim. 37 (1963) 420

# Dünnschicht-Thermolumineszenzdetektoren zur Messung der Hautdosis bei der Personendosimetrie

*W. Will*

(Staatliches Amt für Atomsicherheit und Strahlenschutz)[1]

*Durch LiF/Teflon-Beschichtung von Aluminiumblechen im Spritzverfahren wurden für einen Routineeinsatz in größerem Umfang geeignete Thermolumineszenzdosimeter hergestellt, die die Messung der Hautdosis bei äußeren Strahlenbelastungen durch β-Strahlung sowie durch Röntgen- und γ-Strahlung bis zu den niedrigsten für den Strahlenschutz relevanten Energien gestatten. Energieabhängigkeit, Meßgenauigkeit und Meßbereich, Fading und Einfluß von Umgebungsbedingungen wurden im einzelnen untersucht. Beim 5. Internationalen Meßvergleich von Personendosimetern der RGW-Länder wurden die Detektoren erfolgreich getestet.*

## Keywords

beta dosimetry; comparative evaluations; energy dependence; gamma dosimetry; lithium fluoride; personnel dosimetry; skin absorption; thermoluminescent dosemeters; X-ray dosimetry

## 1. Grundsätzliche Probleme der Hautdosimetrie

Bei Strahlenbelastungen durch β-Strahlung oder durch niederenergetische Photonenstrahlung ist die Haut das dosisbegrenzende Organ. Die Bestimmung der durch diese (nicht durchdringenden) Strahlenarten verursachten Personendosen birgt zwei grundsätzliche Probleme:

Zum einen sind es die starke Absorption bereits in dünnen Schichten (z.B. der Kleidung) sowie die häufig starke Inhomogenität der praktischen Strahlungsfelder auf Grund der Absorption und Streuung oder durch den meist geringen Quellenabstand. Ein beispielsweise am Körperrumpf getragenes Personendosimeter wird deshalb für die Bestimmung der Hautbelastung an anderen Körperregionen (z.B. an den meist am höchsten exponierten Händen) noch weniger aussagefähig als bei durchdringender Strahlung sein.

Zum anderen verursacht selbst in homogenen Strahlungsfeldern die uneinheitliche Dicke der strahlenunempfindlichen Hornschicht über den Basalzellen der Haut [1] zusätzliche Unterschiede der biologisch wirksamen Hautdosis. Die Tiefe der Basalzellen unter der Hautoberfläche differiert zwischen 3 bis 5 mg/cm² am Rumpf und mehr als 50 mg/cm² an den Extremitäten. Fast der gleiche Schwankungsbereich wurde für die unterschiedlichen Stellen nur eines Fingers festgestellt. Von einem Hautdosimeter schlechthin kann deshalb im Grunde genommen nicht gesprochen werden. Die von der ICRP trotzdem beibehaltene Konvention [2] von 7 mg/cm² als mittlere Tiefe der empfindlichen Schicht ist jedoch zumindest für die meisten nicht durch Kleidung geschützten Hautbereiche relevant und bedingt lediglich für die Handinnenseiten eine Dosisüberschätzung.

Beide Einflußfaktoren haben im Vergleich zu durchdringender Strahlung zwangsläufig eine erheblich größere

[1]) Anschrift: 1157 Berlin, Waldowallee 117

Unsicherheit in der Interpretation der Meßergebnisse der verwendeten Personendosimeter zur Folge. Nach Möglichkeit sollte deswegen trotzdem die entsprechend dem ICRP-Meßkonzept definierte Hautdosis mit einer vernünftigen Genauigkeit gemessen werden.

Das für die zentralisierte personendosimetrische Überwachung in der DDR benutzte SAAS-Filmdosimeter erlaubt grundsätzlich am Trageort auch die Dosisbestimmung für β-Strahlung mit $E_{max} > 0{,}5$ MeV bei einem Energieabhängigkeitsfehler von $-30\%$ bis $+100\%$; für Röntgenstrahlung liegt die untere Einsatzgrenze bei etwa 12 keV [3]. Bei dem ebenfalls vom SAAS zentralisiert eingesetzten TL-Fingerringdosimeter (mit 0,4 mm dicken LiF/Teflon-Tabletten hinter einem 11 mg/cm² starken Plastfenster) ist die Energieabhängigkeit für β-Strahlung oberhalb $E_{max} = 0{,}5$ MeV mit $\pm 50\%$ auch relativ groß [4]. Röntgenstrahlung ist hiermit bis zu $E_{eff} = 10$ keV hinab zu messen.

Beide Personendosimeter gestatten es also, mit diesen Einschränkungen auch Hautbelastungen durch Strahlungen geringeren Eindringvermögens zu bestimmen. Niederenergetische Strahlenbelastungen werden jedoch stark unterbewertet bzw. kommen nicht mehr zur Anzeige.

## 2. Dosimeterherstellung

Ein Dosimeter zur Messung der Hautdosis sollte entweder eine Anzeige liefern, die ein direktes Maß der Dosis in etwa 7 mg/cm² Gewebetiefe ist oder aber wenigstens eine Berechnung dieser Dosis aus der Dosimeteranzeige und weiteren von ihm gelieferten Zusatzinformationen über Strahlungsart und -energie ermöglichen. Letzteres läßt sich beispielsweise mit Mehrdetektorensystemen oder durch eine Zweiseitenauswertung handelsüblicher TL-Detektoren mit einer speziellen Auswertetechnik [5] realisieren; beides ist jedoch relativ aufwendig und mit erhöhten Auswertefehlern behaftet.

Grundsätzlich vorteilhafter sind weitgehend energieunabhängige Systeme mit Detektoren geringer wirksamer Schichtdicke, beispielsweise als LiF/Teflon-Dünnschnitt-Thermolumineszenzdosimeter [6], die man auch zur Verbesserung der mechanischen Stabilität nachträglich auf einer Teflon-Trägerschicht fixieren kann [7]. LiF-Pulver wurde auch ohne Bindemittel in dünnen Schichten kalt auf Aluminiumscheibchen aufgepreßt [8]. Andere Lösungen bestehen darin, nur eine oberflächennahe Dotierung der TL-Detektoren durchzuführen [9] oder durch Graphitbeimischung die Lichtemission aus den tieferliegenden Dosimeterschichten herabzusetzen [10]. Alle diese Verfahren sind wegen der aufwendigen, teils schlecht reproduzierbaren Herstellung, wegen mechanischer Instabilität oder geringer und oft uneinheitlicher Empfindlichkeit der Dosimeter für eine Routineanwendung in größerem Maßstab mehr oder weniger ungeeignet.

Um möglichst in einem Arbeitsgang größere Stückzahlen stabiler Dünnschicht-Dosimetertabletten mit weitgehend einheitlichen Eigenschaften herzustellen, wurde deshalb auf die Teflon-Beschichtung von Metallflächen im Spritzverfahren zurückgegriffen, wie sie beispielsweise bei der Fertigung von teflonbeschichtetem Kochgeschirr erfolgt. Nach diesem Verfahren [11] wurden durch das Forschungszentrum des Werkzeugmaschinenbaus Karl-Marx-Stadt (FZW) Aluminiumbleche von 0,5 mm Stärke mit 10 bis 20 mg/cm² dicken LiF/Teflon-Schichten überzogen, die etwa 70 Gewichtsprozent feinkörniges LiF:Mg, Ti (Dohna-lum-40-Ti, pulverisiert) enthalten. Die Schichten haften fest auf der Aluminiumunterlage, so daß man durch Ausstanzen sehr stabile Tabletten mit auch nach vielfacher Wiederverwendung praktisch unveränderten Eigenschaften erhält. Aus einer beschichteten Platte der Größe 20 × 20 cm² können beispielsweise 1000 Tabletten von 5 mm Durchmesser ausgestanzt werden.

Während mit diesem Verfahren bei größeren Schichtdicken (z.B. 40 mg/cm²) Dosimeter mit einer typischen Empfindlichkeitsstreuung $\sigma$ im Bereich von 7 bis 8% hergestellt werden können, lassen sich bei dünneren Beschichtungen größere Empfindlichkeitsunterschiede innerhalb einer Charge nur schwer vermeiden. Deshalb erfolgte eine Empfindlichkeitsselektion durch identische Bestrahlung aller Dosimeter einer Charge und anschließende Ausmessung in einem automatischen Auswertegerät vom Typ Harshaw 2000 B/D (Atlas). Da neben Schichtdickenschwankungen auch lokale Empfindlichkeitsunterschiede auf einer beschichteten Platte denkbar sind, wurde an einer Charge die Selektion außer mit γ-Strahlung auch mit β-Strahlung der Nuklide $^{147}$Pm, $^{85}$Kr, $^{90}$Sr/$^{90}$Y und $^{106}$Ru/$^{106}$Rh getestet. Die Korrelation der individuellen Empfindlichkeiten bei den verschiedenen Nukliden war jedoch so gut, daß im weiteren nur noch auf Grund einer γ-Bestrahlung selektiert wurde. Als Maximalabweichung von der mittleren Empfindlichkeit wurden $\pm 10\%$ festgelegt, was zu einer Standardabweichung der individuellen Empfindlichkeiten von durchschnittlich 5% bei allen obigen Nukliden führte.

Darüber hinaus besteht natürlich die Möglichkeit, durch die Verwendung individueller Kalibrierungsfaktoren die Meßgenauigkeit weiter zu erhöhen. Dabei erweist es sich als Vorteil, daß die Tablettenrückseite mit einer Identifikationsnummer versehen werden kann. Gerade bei Strahlungen geringer Durchdringungsfähigkeit ist es fernerhin sehr günstig, daß die Strahlungseinfallrichtung auf das Dosimeter eindeutig vorgegeben ist, da beträchtliche Unterschiede in der Anzeige homogener Tabletten durch die Tiefendosisabhängigkeit und durch die Lichtabsorption in ihnen resultieren können, falls bei der Auswertung Vorder- und Rückseite vertauscht werden [12].

## 3. Energieabhängigkeit für β-Strahlung

Die Frage nach den Anforderungen an die Energieabhängigkeit eines Hautdosimeters, speziell für niederenergetische β-Strahlung steht in enger Verbindung mit der zugrunde gelegten Meßkonzeption. Die Gewebetiefe von 7 mg/cm² definiert die untere Energiegrenze für die Personendosimetrie bei äußerer Bestrahlung, da diese Tiefe nur von Elektronen mit einer Energie von wenigstens 0,1 MeV erreicht werden kann. Bei $^{147}$Pm mit einer Maximalenergie von etwa 0,2 MeV wird durch diese Gewebeschicht die Dosisleistung bereits auf 20% verringert, und durch 30 cm Luft erfolgt bereits Totalabsorption. Für dieses Nuklid wird deshalb die Inhomogenität der realen Hautbelastung stets besonders ausgeprägt sein, und eine äußere Personendosimetrie ist bereits sehr fragwürdig. Weiterhin hat $^{147}$Pm bezüglich des Umfanges der Herstellung und der praktischen Anwendung auch wesentlich geringere Bedeutung im Vergleich zu $^{90}$Sr/$^{90}$Y, $^{106}$Ru/$^{106}$Rh oder $^{85}$Kr. Obwohl über die Spektren und die Belastungsanteile in β-Streustrahlungsfeldern wenig bekannt ist, steht also der Energiebereich über 0,5 MeV eindeutig im Vordergrund zumindest einer zentralisierten Überwachung. Trotzdem sollte die Empfindlichkeitscharakteristik eines Hautdosimeters zumindest den sicheren Nachweis niederenergetischer β-Strahlung bis zu $^{147}$Pm hinab zulassen.

Für die Untersuchung der Energieabhängigkeit der Dünnschicht-TLD standen handelsübliche Strahlungsquellen der Nuklide $^{147}$Pm, $^{85}$Kr, $^{90}$Sr/$^{90}$Y und $^{106}$Ru/$^{106}$Rh zur Verfügung, deren Dosisleistung in den Bestrahlungsabständen von 20 und 30 cm mit der Extrapolationskammer des Amtes für Standardisierung, Meßwesen und Warenprüfung (ASMW) ausgemessen wurde. Ermittelt wurde hierbei die Energiedosis in einer Tiefe von 7 mg/cm² gewebeäquivalenten Materials (Plexiglas).

Die Schichtdicke der Tabletten muß so optimiert werden, daß ein günstiger Kompromiß zwischen geringer Energieabhängigkeit (d. h. zwangsläufig geringer Dicke) und trotzdem ausreichender Empfindlichkeit gefunden wird. Außerdem ist zu berücksichtigen, daß in einem unter Routinebedingungen einzusetzenden Dosimeter der Detektor unbedingt durch eine Abdeckfolie gegen Verletzung und Verschmutzung geschützt werden muß, was die Energieabhängigkeit für das Gesamtsystem weiter verschlechtern kann. Aus mechanischen Gründen läßt sich dabei eine Fensterdicke von 5 mg/cm² nicht wesentlich unterschreiten. Schwächungsmessungen mit einer β-Flachkammer der ASMW-Konstruktion (Tiefe des Meßvolumens 1,3 mg/cm², Fensterdicke 7 mg/cm² [13]) zeigten den dominierenden Einfluß einer 5 mg/cm² dicken Abdeckfolie auf die Energieabhängigkeit bei niedrigen Energien (Abb. 1); oberhalb 0,6 MeV bleibt der Absorptions- und Streueinfluß allerdings unter ±5%. Eine extreme Verringerung der TL-Schichtdicke der Detektoren auf Kosten der Empfindlichkeit ist deshalb nicht zweckmäßig. Diese Tatsache konnte auch durch Messungen der Energieabhängigkeit verschiedener Dosimeterchargen mit Schichtdicken von 10 bis 20 mg/cm² verifiziert werden. Deshalb erfolgten alle weiteren Untersuchungen mit Tabletten von 20 mg/cm² nominaler Schichtdicke.

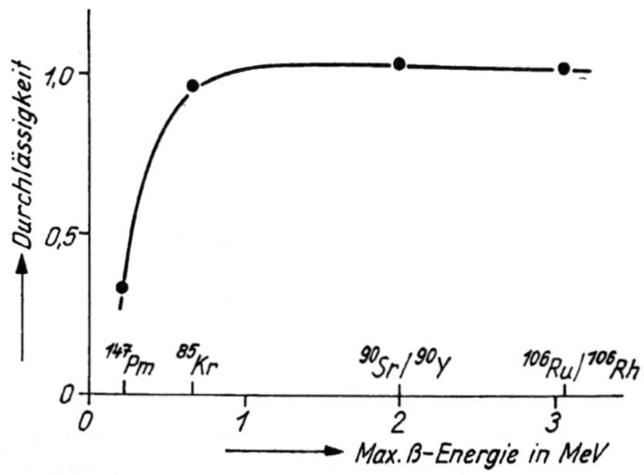


**Abb. 1.** Durchlässigkeit eines 5 mg/cm² dicken Absorbers vor einer β-Ionisationskammer

Meßgeometrie wie bei den TLD-Bestrahlungen

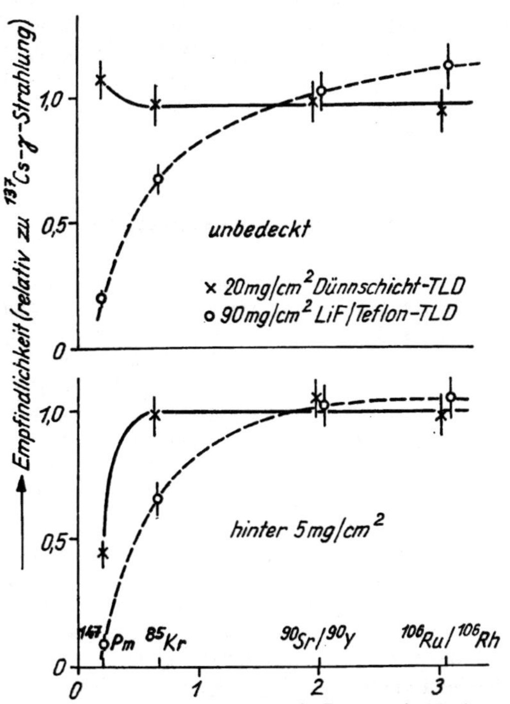


**Abb. 2.** β-Energieabhängigkeit für Dünnschicht-TLD (durchgezogene Kurve) und für 0,4 mm dicke LiF/Teflon-Detektoren (gestrichelte Kurve)

Kalibrierung mit $^{137}$Cs-γ-Strahlung bei Elektronengleichgewicht

Diese Detektoren messen entsprechend Abb. 2 die Energiedosis in 7 mg/cm² Tiefe innerhalb der Fehlergrenzen von maximal ±10% energieunabhängig über den gesamten interessierenden Energiebereich. Insbesondere sind sie auch für die Messung der Hautdosis durch niederenergetische β-Strahlung geeignet, falls die Einsatzbedingungen es erlauben, die Tabletten doch ohne Fensterfolie oder nur von dünner Mylarfolie bedeckt zu verwenden.

Befinden sich die Tabletten in einem kompletten Dosimeter hinter einer Schutzfolie von etwa 5 mg/cm² Stärke, so bleibt die Energieunabhängigkeit auch noch bis hinab zu 0,5 MeV erhalten. Für $^{147}$Pm beträgt die Effektivität immerhin noch 45%. So kann bei niederenergetischen Nukliden die Anzeige erforderlichenfalls korrigiert werden. Falls keine ausreichenden Informationen über die Strahlungsenergie vorliegen, ist auch eine Energieanalyse mit einem Zweidetektorsystem (ein weiterer Detektor hinter einem zusätzlichen Absorber), wie in Abschnitt 6 erfolgt, denkbar.

Besonders augenscheinlich wird die Verbesserung der Energieunabhängigkeit im Vergleich zu sonst gebräuchlichen Detektoren (z. B. 0,4 mm starken LiF/Teflon-Tabletten, Abb. 2).

## 4. Energieabhängigkeit für Röntgen- und γ-Strahlung

Obwohl die Meßeigenschaften für β-Strahlung im Vordergrund standen, bieten sich die Dünnschicht-TLD auch für die Messung von Hautbelastungen durch niederenergetische Röntgenstrahlung an. Als unterste für den Strahlenschutz relevante Photonenenergie werden allgemein 5 keV angenommen. Die relative Tiefendosis in 7 mg/cm² Tiefe ist bei dieser Energie 0,75. Genau genommen müßte also analog zu β-Strahlung auch bei niederenergetischer Photonenstrahlung die Hautdosis in 7 mg/cm² Gewebetiefe gemessen werden und nicht frei in Luft, wie es allgemein üblich ist. Schwächungsmessungen mit einer energieunabhängigen Weichstrahl-Ionisationskammer bei weichen Röntgenstrahlungen (Homogenitätsgrade zwischen 0,65 und 0,95) ergaben allerdings oberhalb einer effektiven Energie von 6 keV nur Unterschiede von weniger als 7% (Abb. 3). Für die meisten Personendosimeter, die wegen des starken Abfalls der Empfindlichkeit gar nicht bis zu diesen niedrigen Energien einsetzbar sind, ist der Unter-

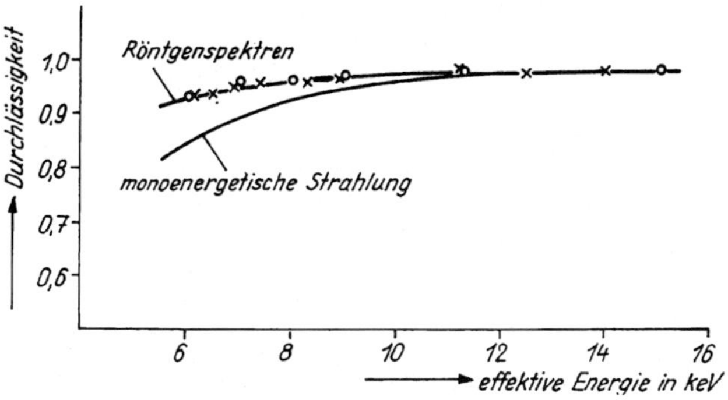


Abb. 3. Durchlässigkeit einer 7 mg/cm² dicken gewebeäquivalenten Schicht für niederenergetische Röntgenstrahlung

Meßergebnisse mit Weichstrahl-Ionisationskammer (×) im Vergleich zu den aus Schwächungskoeffizienten in [14] für Röntgenspektren (○) und für monoenergetische Strahlung berechneten Werten

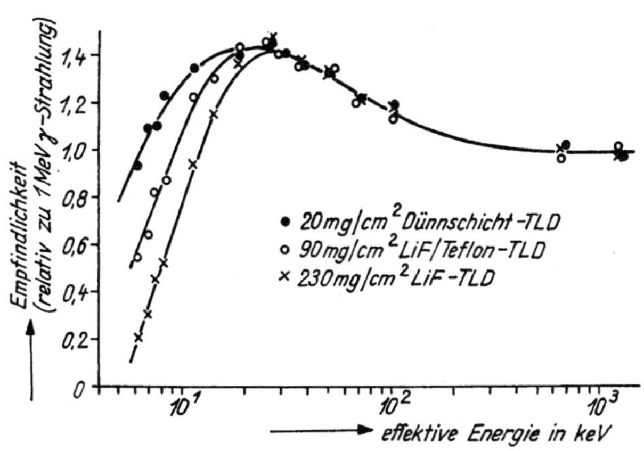


Abb. 4. Röntgen-γ-Energieabhängigkeit für Dünnschicht- und für handelsübliche Detektoren

(0,4 mm LiF/Teflon, Dohna und 0,9 mm LiF, Harshaw)

schied also bedeutungslos. Erfolgt die Kalibrierung der unbedeckten Tabletten mit einer frei in Luft gemessenen Dosis (wie für Abb. 4), so mißt man mit der ermittelten Empfindlichkeit jedoch dann genau genommen die Hautdosis, falls die Tabletten im kompletten Dosimeter durch eine etwa 7 mg/cm² dicke Schutzfolie abgedeckt sind.

Die Energieabhängigkeit der Dünnschicht-Tabletten folgt weitgehend derjenigen für andere handelsübliche LiF-Detektoren (z. B. für 0,4 mm dicke Dohna-LiF/Teflon- bzw. 0,9 mm dicke Harshaw-LiF-Dosimeter, Abb. 4); insbesondere wird sie kaum durch die Aluminium-Trägerschicht beeinflußt. Bei niedrigen Energien verbessert sich erwartungsgemäß die Empfindlichkeit mit abnehmender Tablettenstärke. Nimmt man die Überbewertung von maximal 40% bei Röntgenstrahlung mit einer effektiven Energie um 20 keV in Kauf, so ist der Einsatz bis hinab zu etwa 5 keV möglich. Durch eine geeignete Wahl des Kalibrierungspunktes läßt sich auch erreichen, daß die Energieabhängigkeit oberhalb 6 keV weniger als ±20% beträgt. Für diese Untersuchungen erfolgten die Bestrahlungen mit $^{137}$Cs- und $^{60}$Co-γ-Strahlung unter Elektronengleichgewichtsbedingungen.

Bei höherenergetischer Photonenstrahlung wird die Energiedosis in der oberflächennahen Gewebeschicht jedoch wesentlich durch die in der Körperumgebung ausgelösten Sekundärelektronen bestimmt. Der Tiefendosisverlauf hängt dabei außer von der Strahlungsenergie vom Charakter der umgebenden Medien ab, insbesondere von deren Ordnungszahlen und Abmessungen. Falls die Dosis durch einen hohen Sekundärelektronenanteil aus der Umgebung mit der Gewebetiefe abfällt, behält das Konzept der Hautdosismessung in 7 mg/cm² Tiefe auch hier seine Berechtigung; das Hautdosimeter mißt die Strahlenbelastung durch die Sekundärelektronen richtig mit. Häufig erreicht die Tiefendosis ihren Maximalwert jedoch erst in einer bestimmten Tiefe unter der Hautoberfläche, in der quasi Elektronengleichgewicht eintritt. In diesem Fall unterbewertet das Hautdosimeter die Strahlenbelastung. Die Größe des Fehlers hängt von den speziellen Bestrahlungsbedingungen ab. Hier kann dann die Einbeziehung der Information eines weiteren Detektors für eine größere Gewebetiefe auch zur sicheren Beurteilung der Hautbelastung erforderlich werden.

## 5. Meßbereich

Hinsichtlich der Anforderungen an die absolute Empfindlichkeit eines Hautdosimeters kann davon ausgegangen werden, daß bei Strahlenbelastungen der Haut nur nichtstochastische Veränderungen mit einem Grenzwert von 0,5 Sv (50 rem) pro Jahr zu berücksichtigen sind [2]. Bei monatlicher Überwachung entspricht die empfohlene Aufzeichnungsschwelle von $^1/_{10}$ dieses Wertes einer Energiedosis von 4 mGy (0,4 rd). Folglich wäre eine untere Meßgrenze des Dosimeters von einigen mGy ausreichend.

Die Dünnschicht-TLD sind natürlich wenigstens im Verhältnis der Schichtdicken unempfindlicher als übliche Detektoren annähernd gleicher Größe; so besitzen sie nur einige Prozent der Empfindlichkeit von Harshaw-TLD-100-Dosimetern. Die Streuung der nichtstrahlungsinduzierten Vordosisanzeige unbestrahlter Tabletten ist jedoch bemerkenswert gering; deren Standardabweichung von 3 bis 5% ist einer Dosis von etwa 0,1 mGy (10 mrd) äquivalent. Betrachtet man als kleinste signifikant bestimmbare Dosis das Vierfache dieser Standardabweichung, so erhält man ca. 0,5 mGy (50 mrd) als untere Meßgrenze. Darüber besteht die für LiF bekannte Proportionalität der Anzeige mit der Dosis bis zu mehreren Gy, ohne wesentliche Änderungen der Meßgenauigkeit (Abb. 5).

Einschränkend muß man allerdings feststellen, daß die genannte untere Meßgrenze zunächst nur bei sorgfältiger Handhabung der Dosimeter unter Laborbedingungen gilt. So sind sie leider etwas empfindlich gegenüber Einwirkung von intensivem UV- oder Sonnenlicht, während normales Tageslicht und Raumbeleuchtung praktisch keinen Einfluß haben. 10tägige direkte Sonneneinstrahlung verursacht einen Meßeffekt, der etwa 5 mGy (0,5 rd) äquivalent ist. Glücklicherweise erhöht die UV-Anregung jedoch nur die Niedertemperaturpeaks (Abb. 6). Mit einer Ausheizung vor der Auswertung von 10 min Dauer bei 140 °C können

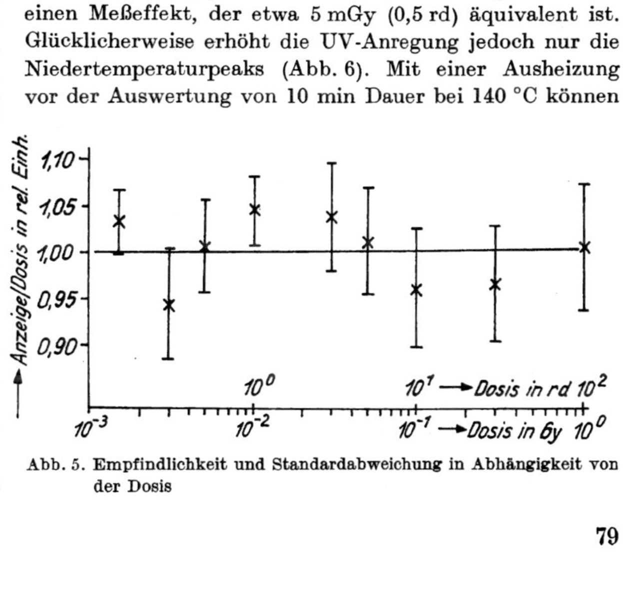


Abb. 5. Empfindlichkeit und Standardabweichung in Abhängigkeit von der Dosis

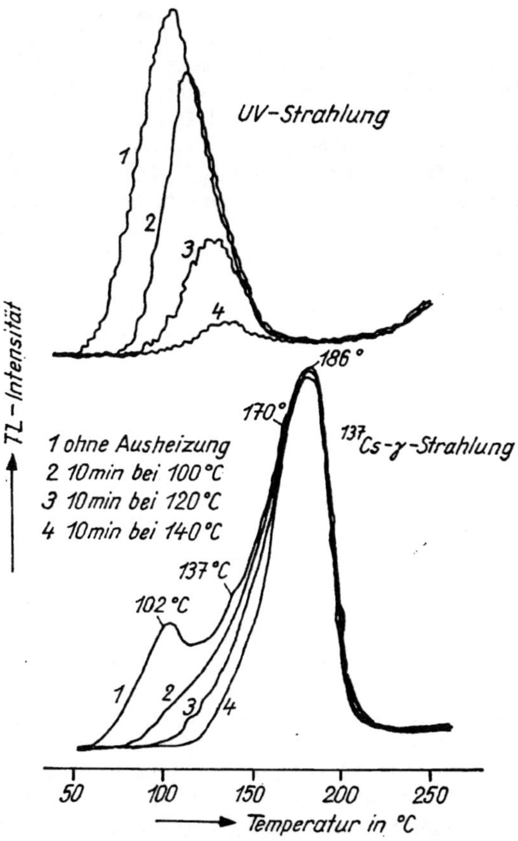


Abb. 6. Einfluß kurzzeitiger Vorausheizungen auf die Glowkurve
Bestrahlung mit UV-Strahlung (30 min in 20 cm Abstand von 200 W-Lampe) und mit $^{137}$Cs-γ-Strahlung (0,1 Gy) 2 h vor der Auswertung. UV-Kurven um Faktor 10 empfindlicher gemessen.

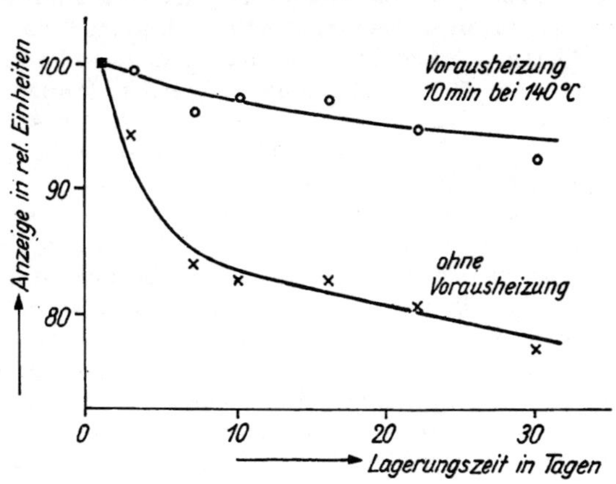


Abb. 7. Fading bei Zimmertemperatur

diese weitgehend gelöscht werden, ohne die dosimetrischen Hauptpeaks bei 170 und 186 °C wesentlich zu beeinflussen.

Die UV-Empfindlichkeit ist vermutlich auf den Teflonanteil zurückzuführen. Sie wurde bereits früher an kommerziellen LiF/Teflon-Tabletten festgestellt [12], während an dem in beiden Fällen benutzten LiF-Ausgangsmaterial (Dohna-lum-40-Ti) und daraus hergestellten Sintertabletten kein signifikanter Lichteinfluß beobachtbar war.

Die Vorausheizung verringert auch gleichzeitig das Fading, das dann bei Zimmertemperatur 6% innerhalb eines Monats nach der Bestrahlung beträgt (Abb. 7). Werden die Kalibrierungsdosimeter etwa in der Mitte eines einmonatigen Überwachungszeitraumes bestrahlt, verursacht das Fading dabei also Fehler unter ±3%.

## 6. Überprüfung der Meßgenauigkeit beim 5. Internationalen Meßvergleich von Personendosimetern der RGW-Länder

Die Dosimetertabletten wurden bei dem Ende 1981/Anfang 1982 durchgeführten Meßvergleich von Personendosimetern der RGW-Länder eingesetzt, bei dem die Meßgenauigkeit der bereits routinemäßig angewandten oder dafür in Entwicklung befindlichen Systeme für β-Strahlung getestet werden sollte. An dem Vergleich nahmen 7 Länder mit 7 Dosimetersystemen teil.

Die Bestrahlungen erfolgten im ASMW Berlin mit Strahlenquellen der Nuklide $^{147}$Pm, $^{85}$Kr, $^{90}$Sr/$^{90}$Y und $^{106}$Ru/$^{106}$Rh. Die Energiedosis in gewebeäquivalentem Material hinter einer Schicht von 7 mg/cm² wurde mit dem Staatlichen Etalon der DDR [13] bestimmt, das die Dosis mit einem Fehler von ±2% zu messen erlaubt. Die Fehler für die Inhomogenität des Strahlungsfeldes in der Bestrahlungsebene und für die Unsicherheit des Dosimeterabstandes betrugen ±6% bzw. ±1%, so daß der Dosierungsfehler maximal ±8% erreichen kann. Je 3 Dosimeter jedes Teilnehmers wurden mit 5 verschiedenen Dosen pro Nuklid im Bereich von 3 mGy (0,3 rd) bis 0,3 Gy (30 rd) bestrahlt. Zwischen Vorbereitung und Auswertung der Dosimeter lagen etwa 3 Monate.

Das Dosimetersystem des SAAS bestand in der Filmplakette, in deren unterem Teil Dosimeterkärtchen zur Aufnahme von je 2 TLD-Tabletten eingelegt wurden. Eine Tablette befand sich durch eine nachträglich angebrachte Bohrung in der Plakette nur hinter einer Papierschicht von 4,1 mg/cm² Flächenmasse, die zweite Tablette hinter der 100 mg/cm² dicken Plastschicht der Plakette. Dies ließ eine grobe Energiebestimmung der β-Strahlung zu. Für alle Nuklide außer $^{147}$Pm wurde jedoch der gleiche Kali-

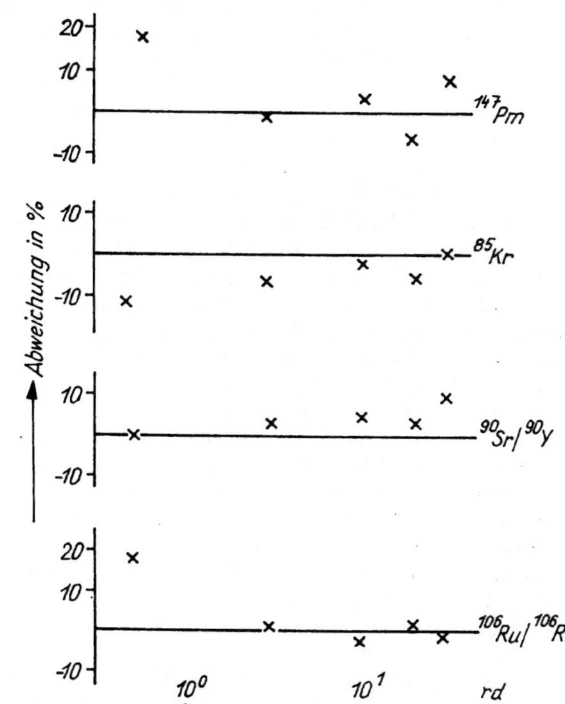


Abb. 8. Abweichungen der mit den Dünnschicht-TLD ermittelten von den aufgestrahlten Dosen bei dem 5. RGW-Vergleich von Personendosimetern

brierungsfaktor auf Grund einer Eichbestrahlung mit $^{137}$Cs-γ-Strahlung unter Elektronengleichgewichtsbedingungen verwendet. Nur für $^{147}$Pm wurde die zu niedrige Empfindlichkeit mit einem zusätzlichen Faktor 2,1 zur Berücksichtigung der Energieabhängigkeit gemäß Abb. 2 korrigiert. Außerdem wurden für den speziellen Zweck dieses Meßvergleichs die von der Dosimeterselektion her (vgl. Abschnitt 2) bereits verfügbaren individuellen relativen Empfindlichkeitsfaktoren angewandt. Dies verbesserte jedoch praktisch nur die „Standardabweichungen" aus den 3 Dosimeteranzeigen pro Dosiswert auf durchschnittlich 2,5% oberhalb 10 mGy (1 rd).

Abb. 8 zeigt die prozentualen Abweichungen der Dosimeteranzeigen von den Sollwerten. Für Dosiswerte oberhalb 10 mGy (1 rd) liegen die Abweichungen unter ±10%, im Mittel unter ±5% und damit innerhalb der Fehlergrenzen. Dieses Ergebnis ist sehr zufriedenstellend, insbesondere wird die Energieunabhängigkeit des Systems oberhalb $E_{max}$ = 0,5 MeV bestätigt.

## 7. Ergebnis

Nach einem einfachen, zur Fertigung größerer Stückzahlen geeigneten Verfahren wurden für einen Routineeinsatz geeignete Thermolumineszenzdosimeter geringer Schichtdicke hergestellt, die β-Strahlung sowie Röntgen- und γ-Strahlung bis zu den niedrigsten für den Strahlenschutz relevanten Energien zu messen gestatten. Es ist vorgesehen, die Detektoren zunächst für spezielle Arbeitsplatzüberwachungen einzusetzen und später in die Routine-Personendosimetrie, in erster Linie mit Fingerringdosimetern, einzuführen.

Frau Dr. *Oswald* vom FZW Karl-Marx-Stadt wird für die Unterstützung bei der Herstellung der Dosimeter sowie Herrn Dipl.-Phys. *Helmstädter* vom ASMW Berlin für die Kalibrierung der Strahlenquellen und für die Durchführung der Vergleichsbestrahlungen gedankt.

Eingegangen am 7. 7. 1982

## Literatur

[1] *J. T. Whitton*, Health Physics **24** (1973) 1
[2] ICRP Publikation **26** (1977)
[3] *W. Rothe*, SZS-6 (1968) 1
[4] *W. Will, W. Kraus*, Isotopenpraxis **16** (1980) 358
[5] *P. Christensen*, Proc. 5th Congr. of the Int. Rad. Prot. Soc., Jerusalem 1980, 149
[6] *M. Marshall, J. Docherty*, Phys. Med. Biol. **16** (1971) 503
[7] *M. W. Charles, Z. U. Khan*, Phys. Med. Biol. **23** (1978) 972
[8] *G. Uchrin*, Nucl. Instr. and Meth. **175** (1980) 173
[9] *J. B. Lasky*, COO-1105-256 (1978)
[10] *A. Koczinsky* et al., Proc. 4th Int. Conf. on Luminescence Dosimetry Krakow 1974, 647
[11] *H. Reulecke, A. Oswald*, Pat. 2147057 (1973)
[12] *W. Will, H. Grosse*, SZS-153 (1973) 80
[13] *K. Helmstädter, H. Rothe, H. Korn*, Isotopenpraxis **16** (1980) 393
[14] ICRU Publikation **17** (1970)

# Postal Dose TLD Intercomparisons for Cobalt 60 Teletherapy Units in Bulgaria (1975—1980)

*V. Penchev, B. Constantinov, K. Ivanova*

(Institute of Roentgenology and Radiobiology, Med. Academy, Sofia)[1])

*During the period 1975—1980 in Bulgaria 6 TLD postal dose intercomparisons including all teletherapy units have been performed. LiF powder TLD-100 and a Harshaw TL analyser model 2000 have been used. The fading effect and the accuracy of the dose measurements for $^{60}$Co gamma rays have been investigated preliminarily. The fading is below 1% for 30 days. The sensitivity of the reading equipment has been investigated using the mounted check light source. By means of a statistical analysis it was determined that the relative uncertainty due to unstabilities in the sensitivity is ±0,24% at confidence level P = 0,95 for a set of 10 successive check source readings. In the same manner the relative uncertainty of the dose measurements using one TL detector (4 measurements) was determined to be ±1,6% at P = 0,95. The intercomparison performance method is described and the results from the six intercomparisons are presented.*

**Keywords**

accuracy; gamma dosimetry; IAEA; intercomparison; lithium fluorides; sensitivity; thermoluminescent dosimetry; therapy; WHO

## 1. Introduction

The necessity of national and international absorbed dose intercomparisons is justified by the high degree of precision and accuracy required in radiation therapy. The aim of the intercomparisons is to check and to improve the dosimetry uniformity and accuracy in order to be achieved consistency and comparability of radiation dose delivery to the patients.

Since 1975 the Laboratory of Clinical Dosimetry and Ionizing Radiation Metrology (SSDL — Sofia) at the Research Institute of Roentgenology and Radiobiology has been conducting a postal dose intercomparison programme for all cobalt 60 teletherapy units in the country using TLD based on the IAEA/WHO programme [1, 2].

## 2. TLD Method

### 2.1. Detectors

The LiF powder *Harshaw* TLD-100, meshed size between 0·073—0·175 mm is used as a detector. All the powder used

[1]) Anschrift: Bulgaria, 1527 Sofia, Belo More Str. 8

in an intercomparison is from the same virgin batch of powder, annealed at 400 °C for 1 hour and at 80 °C for 24 hours [3]. The powder is put into plastic capsules, each capsule with inner dimensions 4 × 3 mm and contains about 70 mg LiF.

### 2.2. *Fading*

Investigations of the fading effect on the TL response have been made. 27 capsules were irradiated with $^{60}$Co gamma rays to a dose of 1 Gy (100 rd) and read out 3 at a time at different post irradiation periods — immediately after the irradiation up to 30 days after it. On fig. 1 the uncertainty limits at confidence level $P = 0{\cdot}95$ are plotted, as well as the mean value (the line) of all measurements without the first two (immediately and 2 hours after the irradiation). It can be concluded that the additional uncertainty due to fading is less than 1% for the investigated period of 30 days excluding the first 24 hours. Nevertheless for elimination

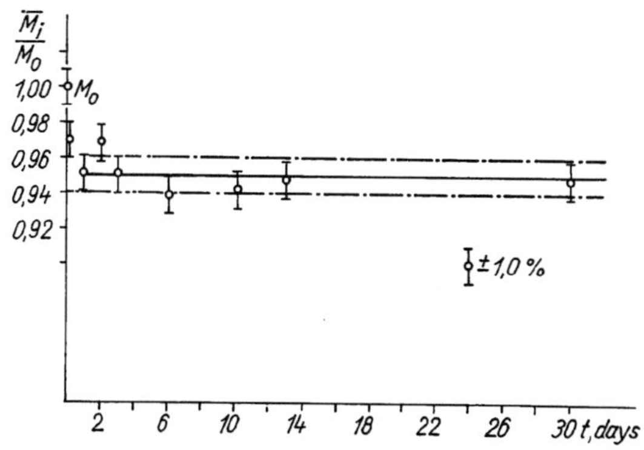


**Fig. 1.** Magnitude of fading of LiF TLD-100 for different storage times between irradiation and read-out

of the fading effect the capsules used for the TLD calibration and those sent to the participants are irradiated on one and the same day and then are measured in one day.

### 2.3. *Calibration*

Samples of LiF powder (6 capsules at a time) are given known doses of gamma radiation produced by a $^{60}$Co unit of type "Rokus" in the dose range from 0·1 to 5·0 Gy (11 dose values). An ionization chamber type VA-K-251 of the VA-J-18 dosemeter is placed along the beam axis in a sufficiently large field. The six capsules are arranged symetrically arround the chamber and at one and the same depth — 1.5 cm in a perspex phantom with dimensions 20 cm × 20 cm × 10 cm. The dosemeter is calibrated in our SSDL against a *Farmer* secondary standard dosemeter type 2502 and its energy response calibration factor as well as the correction factors for range and scale nonlinearity are determined. The overall uncertainty of the dose measurements at confidence level 0·95 is evaluated to be less than ±2·2% [4—6].

### 2.4. *Reading equipment and measuring conditions*

A *Harshaw* model 2000 analyser is used for the evaluation of the LiF TLD-100 detectors. The content of the capsules is poured into a vibrating dispenser and through it is devided in 4 aliquots each with weight of 15 mg LiF. The influence of the vibrating duration has been investigated and the working conditions were set up accordingly, so that a saturated powder weight value be achieved.

The TL is measured at temperature maximum 240 °C, constant heating rate 9·2 °C/s and time period 30 s (fig. 2). Before and after each TL measurement the read-out system sensitivity is checked using the mounted check light source (NaJ/Tl activated with Ra). The mean value of every 10—12 check source readings performed in the mentioned above order is derived and the TL measurement is corrected accordingly.

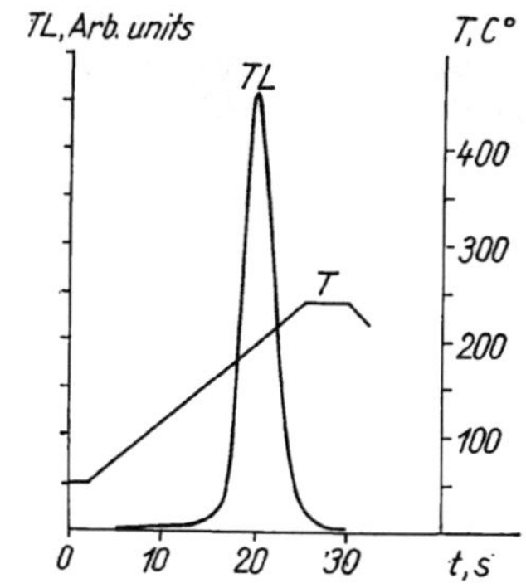


**Fig. 2.** Glow curve and time temperature profile for evaluation of LiF TLD-100

### 2.5. *Accuracy of the TL measurements*

The read-out sensitivity of the analyser has been investigated. The check source readings performed during one day (95 in number) were devided in 7 groups in accordance with their successive number. Each group was statistically evaluated [6, 7] and the mean value $\overline{St}_i$, the variance $S_i^2$ and the standard deviation of a single value $S_i$ were derived. The check after the *Bartlet* criteria showed that the variance estimates $S_i^2$ at confidence level $P = 0{\cdot}95$ can be assumed as estimates of one and the same variance. The variance analysis of the mean values after the *Fisher* method showed that the differences between them cannot be considered as estimates of one and the same true value. Using the *Abbe* criteria it was determined that $\overline{St}_i$ alters monotonously (fig. 3). So it can be concluded that during a set of measurements the read-out sensitivity changes, though slightly. That was the reason for our decision to derive the mean value $\overline{St}$ of every 10—12 check source readings. To the so evaluated 7 groups we added 11 groups more and each group included 12 successive check source readings performed during different days. The statistical analysis of these 18 groups (230 readings) showed that they have equal variances at $P = 0{\cdot}95$ and this justified the determination of the variance value on the basis of all readings. The standard deviation of a single check source reading is $S_{st}$

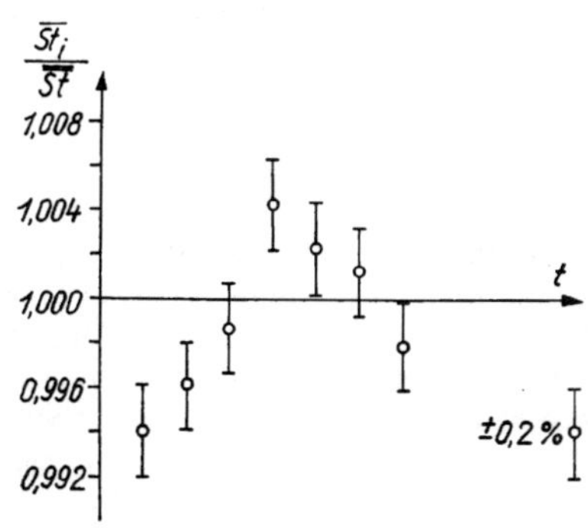


**Fig. 3.** Time-dependence of the mean check source readings $\overline{St}_i$ during one day

$= 0{\cdot}443$ nC, the relative uncertainty is $U_{st} = 0{\cdot}69\%$ which is less than $\pm 0{\cdot}75\%$ at $P = 0{\cdot}95$. The values of the stated above quantities for 10 measurements are respectively $S_{\overline{st}} = 0{\cdot}14$ nC, $U_{\overline{st}} = 0{\cdot}22\%$ and at $P = 0{\cdot}95$, $U_{\overline{st}} = 0{\cdot}24\%$.

Sixteen groups, each including 3 capsules were irradiated with different doses in the range $0{\cdot}1 - 5{\cdot}0$ Gy for the evaluation of the variance and the standard deviation of the TL readings. So in a group we had $12-13$ readings (total 200) and each group was statistically analysed. It turned out that with the increase of the absorbed dose, respectively with the increase of the TL readings value $M$, the variance increases as $S_M^2 \sim M^2$. The transformation $Y_{ij} = \ln M_{ij}$ was used, so that a total statistical analysis of the results in the different groups could be made. The so transformed experimental data was statistically analysed and using the *Bartlet* criteria it was proved that the groups variances can be estimates of one and the same variance at $P = 0{\cdot}95$. This enabled us to do a much better evaluation using the mean variance value of all measurements. The derived standard deviation of a single TL reading is $S_M = 0{\cdot}0160\ M$ This means that the relative uncertainty is constant and equal to $1{\cdot}60\%$ and at $P = 0{\cdot}95$ does not exceed $1{\cdot}81\%$. Taking into account that the measurement of a capsule is the mean value of 4 readings and that this value is reduced to a constant read-out sensitivity value $\overline{M}_c$ appropriate for the selected measuring conditions according to the relation: $\overline{M}_c = \overline{M} \cdot \overline{St}/64{\cdot}0$ the relative repeatability uncertainty for one capsule is $0{\cdot}82\%$. The uncertainty limits at $P = 0{\cdot}95$ are $\pm 1{\cdot}62\%$. These values are valid for a dose range from $0{\cdot}1$ to $5{\cdot}0$ Gy and can be expected that they will be valid also for doses exceeding 5 Gy.

## 3. Performance of the Intercomparisons

Since 1975 every year to all cobalt 60 therapy units are sent 8 capsules, a capsule holder and instruction for the irradiation conditions. The participants are requested to irradiate 6 of the capsules (2 are control ones) each at 5 cm depth in a water phantom with dimensions at least 30 cm × 30 cm × 30 cm along the central axis of the beam on fixed for all participants days. On the same date the calibration serie of samples (see 2.3) is irradiated at the laboratory and then is measured together with the capsules irradiated by the participants.

The 6 capsules are irradiated under different conditions stated in the instructions. So in 1975 one triad was exposed to $1{\cdot}5$ Gy and the other for 2 minutes. In 1976 the two triads were given $1{\cdot}5$ Gy but in two following days. In the other 4 intercomparisons to the one triad capsules was given a dose of $1{\cdot}5$ Gy at $SSD = 75$ cm and to the other triad the same dose but at $SSD = 60$ cm. Moreover for checking the reproducibility of the centering and of the $SSD$ two capsules of each triad were irradiated on the first day and one, additionally marked, on the next day.

The participants are also requested to complete a data sheet indicating the method and the figures for the absorbed dose calculations. The instructions to the participants are selected so, that after the evaluation of the results we can check:

- the correctness of the absorbed dose calculations;
- the correct introducing of the $^{60}$Co decay factor;
- the accuracy of the $SSD$ determination;
- the precision and the reproducibility of the beam centre adjusting;
- the reproducibility of the radiation conditions;
- the accuracy of the time measurements.

## 4. Results and Discussions

For the results evaluation for each year it is determined the "measured" dose as the mean value $\overline{D}_m$ of the TL measurements from 3 capsules $D_{mi}$ ($i = 1, 2, 3$) — total 12 readings corrected for the read-out sensitivity stability. As an example for such evaluation at tab. 1 are given the results of an year (1977). Also are calculated the ratios $D_{mi}/\overline{D}_m$ in % (columns $2-4$) and the range of these ratios (column 5):

$$r = \left(\frac{D_{mi}}{\overline{D}_m} \cdot 100\right)_{max} - \left(\frac{D_{mi}}{\overline{D}_m} \cdot 100\right)_{min}$$

The final evaluation of the results is expressed as a percent deviation (column 8) between the measured in $SSDL$ — $\overline{D}_m$ — and the quoted from the participants — $D_q$ — dose:

$$\delta = \frac{\overline{D}_m - D_q}{D_q} \cdot 100\%$$

The next seven columns of tab. 1 are the same but for the other triad capsules ($SSD = 60$ cm).

In the intercomparisons have participated 9 institutions. The percent deviations estimated at these intercomparisons are given in tab. 2. The purpose of the intercomparisons is to detect systematic uncertainties on the part of the participants and to determine the reasons for large discrepancies if they occur. The accuracy of the TLD postal cobalt 60 dose intercomparisons method is assumed to be $\pm 5\%$ [8].

Tab. 1. Results of the TLD Postal Dose Intercomparison Performed in 1977

| Unit No. | Red capsule | | | $SSD = 75$ cm | | | | Blue capsules | | | $SSD = 60$ cm | | | |
|---|---|---|---|---|---|---|---|---|---|---|---|---|---|---|
| | $D_{mi}/\overline{D}_m$ % | | | Range | $\overline{D}_m$ | $D_q$ | Deviation | $D_{mi}/\overline{D}_m$ % | | | Range | $\overline{D}_m$ | $D_q$ | Deviation |
| | $i = 1$ | 2 | 3 | $r$ % | Gy | Gy | % | $i = 1$ | 2 | 3 | $r$ % | Gy | Gy | % |
| 1 | 98·6 | 101·7 | 99·7 | 3·1 | 1·506 | 1·509*) | −0·2 | 99·5 | 100·4 | 100·1 | 1·0 | 1·501 | 1·503 | −0·1 |
| 2 | 99·2 | 101·2 | 99·6 | 2·0 | 1·533 | 1·500 | +2·2 | 98·9 | 100·0 | 101·1 | 2·2 | 1·551 | 1·500 | +3·4 |
| 3 | 98·7 | 100·4 | 100·8 | 2·1 | 1.484 | 1·498 | −0·9 | 101·3 | 100·1 | 98·6 | 2·5 | 1·510 | 1·510 | 0 |
| 4 | 98·7 | 101·1 | 100·2 | 2·4 | 1·476 | 1·500 | −1·6 | 100·3 | 99·5 | 100·1 | 0·8 | 1·463 | 1·500 | −2·5 |
| 5 | 101·2 | 100·5 | 98·6 | 2·6 | 1·502 | 1.502 | +1·2 | 101·4 | 100·5 | 98·1 | 3·3 | 1·533 | 1·498 | +2·3 |
| 6 | 98·9 | 101·1 | 100·0 | 2·2 | 1·142 | 1·163 | −1·8 | 99·1 | 101·7 | 99·2 | 2·6 | 1·037 | 1·054 | −1·6 |
| 7 | 99·4 | 99·3 | 101·3 | 2·0 | 1·058 | 1·018 | +3·9 | 96·8 | 98·7 | 104·5 | 7·7 | 2·289 | 2·216 | +3·3 |
| 8 | 99·3 | 99·9 | 100·8 | 1·5 | 1·538 | 1·501 | +2·5 | 99·8 | 101·6 | 98·6 | 3·0 | 1·531 | 1·502 | +1·9 |
| 9 | 100·5 | 99·7 | 99·8 | 0·8 | 1·544 | 1·539 | +0·3 | 99·1 | 101·2 | 99·7 | 2·1 | 1·588 | 1·574 | +0·9 |

*) $SSD = 60$ cm

Tab. 2. Results of the TLD Intercomparisons in Bulgaria 1975–1980
Deviations (in %) between the measured and the quoted dose

| Unit No. | 1975 | | 1976 | | 1977 | | 1978 | | 1979 | | 1980 | |
|---|---|---|---|---|---|---|---|---|---|---|---|---|
| | $SSD$ = 75 cm | | $SSD$ = 75 cm | | $SSD$ = | | $SSD$ = | | $SSD$ = | | $SSD$ = | |
| | $D$ | $\dot{D}$ | 1st day | 2nd day | 75 cm | 60 cm | 75 cm | 60 cm | 75 cm | 60 cm | 75 cm | 60 cm |
| 1 | −3.8 | −1.6 | −0.5*) | −3.4*) | −0.2*) | −0.1 | – | – | +0.5*) | +0.4 | −0.6*) | −0.5 |
| 2 | +8.4 | +8.2 | −0.7 | +1.3 | +2.2 | +3.4 | +4.6 | +4.8 | +3.2 | +3.6 | +0.6 | +5.4 |
| 3 | −1.1 | −1.6 | – | – | −0.9 | 0 | +0.7 | +2.2 | +2.0 | +4.1 | −2.2 | −1.4 |
| 4 | +1.3 | −0.7 | −3.0 | −3.0 | −1.6 | −2.5 | +1.4 | +1.3 | +3.3 | +2.1 | +1.7 | −1.1 |
| 5 | −0.5 | −0.6 | +7.1 | +8.1 | +1.2 | +2.3 | +0.9 | +2.3 | +2.7 | +2.6 | +0.5 | −0.2 |
| 6 | +4.5 | +4.0 | +2.4 | +4.6 | −1.8 | −1.6 | +2.4 | +6.0 | +1.9 | +5.8 | +0.2 | +2.6 |
| 7 | −8.0 | −9.7 | +3.0 | +2.7 | +3.9 | +3.3 | +3.1 | +6.1 | +1.3 | +5.4 | +0.9 | 0 |
| 8 | – | – | +3.5 | +2.9 | +2.5 | +1.9 | +4.5 | +1.4 | −1.5 | +3.3 | +5.1 | +1.6 |
| 9 | – | – | +0.9 | +1.6 | +0.3 | +0.9 | −2.1 | −0.8 | −2.6 | +0.8 | −2.3 | −0.8 |

*) $SSD$ = 60 cm

The first intercomparison (1975) showed deviations exceeding 5% for two $^{60}$Co units. The check, made at place, found errors in the $SSD$ determination at the unit No. 2 and in the beam calibration at the unit No. 7. The second intercomparison (1976) showed a greater deviation only for the unit No. 5. The check found out large differences in the light telemeter.

The following intercomparisons showed:

- at the basic $SSD$ = 75 cm deviations less than 5% for all units except one (5·1%) and less than 3% for most of them;
- at $SSD$ = 60 cm only in 5 cases the deviations are more than 5% (about 6%). This was due mainly to uncertainties in the light telemeters of the units of the type "Rokus" especially at $SSD$ = 60 cm. That is why we recommend the $SSD$ to be checked with a mechanical device. Another source of error, which reflects mainly the shorter irradiation periods (i.e. again at $SSD$=60 cm) and is not always considered, is the dead time of the shutter which for the Rokus units is of the order of 2 seconds.

A rough estimate of the uncertainty of the TLD intercomparison method can be done in the following way. The uncertainty of the final result is:

$$\Delta\left(\frac{D_m}{D_q}\right) = \sqrt{\left(\frac{\Delta D_m}{D_m}\right)^2 + \left(\frac{\Delta D_q}{D_q}\right)^2}$$

where $\Delta D_m/D_m$ includes the uncertainties of the:

1. Calibration of the TLD

- maximal systematic uncertainty of the ionization chamber dosemeter — 2%
- random uncertainty of the dose measurements with the dosemeter (standard deviation of the mean) — 0·1%
- random uncertainty of the TL measurements (standard deviation of the mean for the six capsules for each of the 11 dose values) $-0{\cdot}8/\sqrt{66} \approx$ — 0·1%

2. Random uncertainty of the TL measurements (standard deviation of the mean for the 3 capsules irradiated by the participants) $-0{\cdot}8/\sqrt{3} =$ — 0·46%

$\Delta D_q/D_q$ includes the uncertainties at the $^{60}$Co unit calibration which is done by our SSDL:

- systematic uncertainty — 2%
- random uncertainty — 0·1%

Since the random uncertainty is small compared with the systematic one we can use the approximation recommended in [5] to determine the overall uncertainty of the method at $P = 0{\cdot}95$

$$\Delta\left(\frac{D_m}{D_q}\right) = 1{\cdot}13 \times$$

$$\times \sqrt{2^2 + (2{\cdot}0, 1)^2 + (2{\cdot}0, 1)^2 + (2{\cdot}0, 46)^2 + 2^2 + (2{\cdot}0, 1)^2}$$

$$\approx 3{\cdot}4\%$$

This estimate is in a good agreement with the presented results which show that the deviations between the measured and the quoted dose are within 5%, even within 3% at $SSD$ = 75 cm. The results also indicate the need of a more detailed and precise statistical evaluation of the uncertainties of the LiF TLD postal dose intercomparison method and if necessary the statement that a discrepancy of 5% at $P = 0{\cdot}95$ reflects a systematic error should be revised [9].

The presented results show that the performed till now six dose intercomparisons using TLD for the $^{60}$Co units in our country have contributed for the improvement of the clinical dosimetry accuracy and verify the necessity of their future performance [1, 2, 10, 11]. On the other hand it is obvious that in Bulgaria is ensured uniformity and sufficient accuracy of the dose determination in radiotherapy.

## Acknowledgements

This investigation has been supported by the International Atomic Energy Agency through Research Contract No. 1549 RB.

Received May 26, 1982

## References

[1] *V. Balamutov, H. Eisenlohr, S. W. Moos, J. Nagl*, Stud. Biophys. 20 (1970) 189

[2] *I. Classen, W. Seelentag, B. Waldeskog,* Joint IAEA/WHO TLD intercomparison program: Evaluation of the present situation. In "National and international radiation dose intercomparisons", Proc. Panel Vienna 1971; Vienna: IAEA 1973, p. 137

[3] *J. R. Cameron, N. Suntharalingam, G. N. Kenney,* Thermoluminescent Dosimetry. Univ. of Wisconsin Press, Madison 1968

[4] *R. Loevinger, T. P. Loftus,* Uncertainty in the delivery of absorbed dose. In "Ionizing radiation metrology", 1977, Proc. Int. Course on Ionizing radiation metrology, Varrena, Italy, 1974, p. 459

[5] *H. Reich,* Evaluation of measuring results, statement of uncertainty in dosimeter calibrations. Physikalisch-Technische Bundesanstalt, PTB-Dos-3, Braunschweig, May 1978

[6] *P. J. Campion, J. E. Burns, A. Williams,* A code of practice for the detailed statement of accuracy. Her Majesty's Stationery Office, London 1973

[7] National Bureau of Standards, Handbook 91. Experimental Statistics. Washington, D.C., 1964

[8] *H. H. Eisenlohr, J. G. Haider, B.-I. Ruden,* In "Proc. 5th Intern. Conf. of Luminescence Dosimetry", p. 350, Justus Liebig University Giessen 1977

[9] *B. E. Bjärngard, K. R. Kase, B.-I. Ruden, P. J. Biggs, A. L. Boyer, K. A. Johansson,* Med. Phys. 7 (1980) 560

[10] *W. S. Moos, V. G. Balamutov, R. Abedin-Zadeh,* A multinational survey of the status of $^{60}$Co radiation therapy dosimetry. In "National and international radiation dose intercomparisons", Proc. Panel Vienna 1971; Vienna: IAEA 1973, p. 117

[11] *R. Kunze, H. Korn, H. Hegewald, V. Schirrmeister,* Isotopenpraxis 17 (1981) 65

# Universal $^{99m}$Tc Generator for Human Use

*S. M. Milenković, J. L. Vučina, Lj. M. Jaćimović, E. S. Karanfilov, T. V. Memedović*

(Boris Kidrič Institute of Nuclear Sciences, Institute for radioisotopes, Beograd)[1]

*The production procedure of $^{99m}$Tc generator on the basis of the fission product $^{99}$Mo is developed. The generator columm contains chromatographic alumina on which, under the given set of conditions, $^{99}$Mo is adsorbed. The $^{99m}$Tc, formed at the radioactive decay of the $^{99}$Mo, is eluted with the sterile and pyrogen-free saline solution which is passed through the column due to the vacuum in the collecting vial. The procedure enables the production of generators of the activities ranging from 3·7 to 11·1 GBq. Almost all $^{99m}$Tc activity can be obtained in 10 ml of eluence. Technetium in the form of radionuclidic, radiochemical and chemical pure $^{99m}$Tc pertechnetate is obtained in sterile and pyrogen-free solution. The eluate does not contain oxidizing agents and is suitable for a direct administration.*

## Keywords

adsorption; isotope production; molybdenum 99; radioisotope generators; technetium 99m.

## Introduction

The application of $^{99m}$Tc in nuclear medicine began over 20 years ago [1–4]. Suitable nuclear characteristics make it indispensible for numerous diagnostic and other investigations. The bibliography on the use of this radioisotope mounts to over two thousands titles. Regardless recent achievements in the field of accelerator and other technics, the significance of $^{99m}$Tc increases constantly, especially with the introduction of new biologically and pharmacologically active substances which can be reproducively labelled with this radioisotope.

From the beginning, in early sixties, $^{99m}$Tc generators have passed through many improvements [5, 6]. The introduction of $^{99m}$Tc generator, based on fission product $^{99}$Mo, contributed well to even larger uses of $^{99m}$Tc.

In this paper, the laboratory model of $^{99m}$Tc generator on the basis of fission product $^{99}$Mo, developed in the Boris Kidrič Institute of Nuclear Sciences, Vinča, is reported.

## Experimental

Compact $^{99m}$Tc generator for production $^{99m}$Tc is developed. The generator is founded on the adsorption of fission product $^{99}$Mo on a specially pre-treated alumina. $^{99m}$Tc is eluted by the corresponding saline solution, while $^{99}$Mo remains on the column. When needed, $^{99m}$Tc can be, in definite time intervals, eluted from the column. $^{99m}$Tc is obtained in sterile and isotonic solution, without oxidizing agents and can be used for all considered purposes. The radioactive concentration desired, can be achieved by choosing the generator of the appropriate activity or by regulating the volume of eluence.

### *Description of the $^{99m}$Tc generator*

Universal $^{99m}$Tc generator is shown in Fig. 1. The column (1) consists of a plastic syringe in which a permeable polyethlyene disc (2) is inserted which serves as the chromatographic alumina support (3). The top and the bottom of the column are fitted with stainless steel tubes (4). The column is inserted into the lead transport shield (5), 15 kg weight. The shield is closed by a lead stopper (6) provided with channels for silicone tubes (7). The lead shield is placed into the plastic container (8) with the cover (9).

The $^{99m}$Tc elution system consists of elution needles placed in the cover of the plastic container. The narrower well (10) of the cover contains the holder with two needles (11) to which the eluant vial (12) with sterile, pyrogen-free saline solution is connected. The longer needle (13) serves as air input into the eluant vial during elution. In the broader well (14) of the cover there is the output needle (15) to which the evacuated collecting vial (16), placed in the lead shield (17), is connected.

The whole procedure of generator production is carried out in accordance with the aseptic procedure. To achieve the optimum security the membrane filter (18) is internally mounted.

[1]) Address: 11001 Beograd, P. O. Box 522, Yugoslavia

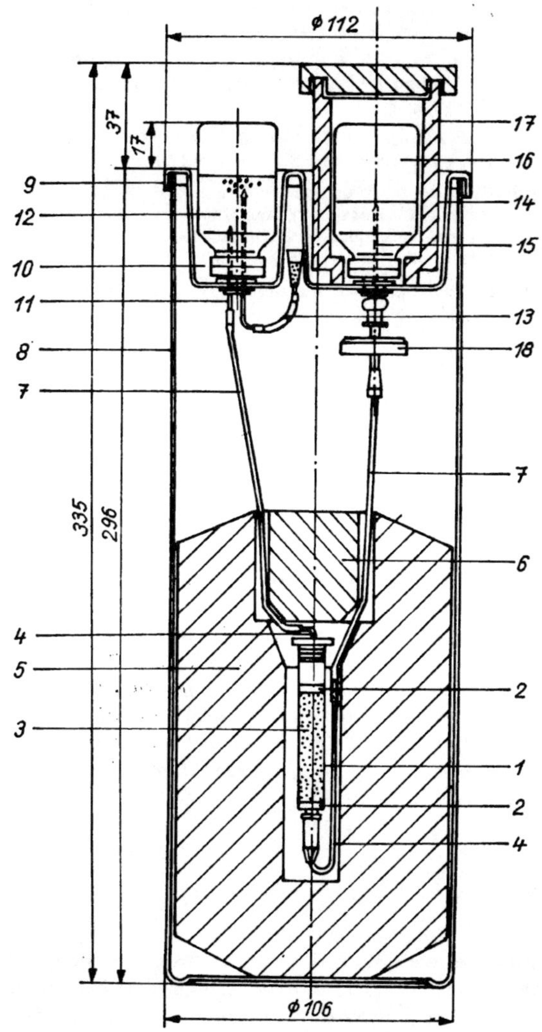


Fig. 1. Cross section of the universal $^{99m}$Tc generator
1 – Plastic syringe; 2 – Permeable disc; 3 – Chromatographic $Al_2O_3$; 4 – Stainless steel tubes; 5 – Lead shield; 6 – Lead stopper; 7 – Silicone tubes; 8 – Plastic container; 9 – Cover; 10 – Cover well; 11 – Input needles holder; 12 – Eluant vial; 13 – Air input; 14 – Cover well; 15 – Output eluate needle; 16 – Evacuated collecting vial; 17 – Lead shield; 18 – Membrane filter

### *The generator column*

As a generator column a plastic syringe of 2 ml is used. Permeable polyethylene discs serve as a support for alumina and for covering of the adsorbent layer. The discs are formed according to the dimensions of the column on a specially designed apparatus.

The column is filled with chromatographic alumina and conditioned to the appropriate *p*H.

The adsorption of radioactive $^{99}$Mo in the column is carried out under the optimum conditions which assure high yields and the high purity of the $^{99m}$Tc eluate.

### *Operation of the generator*

The generator should be sited in an appropriate place which assures safe handling, cleanliness and radiation protection (if necessary, an additional lead shielding should be used). Before the first elution, the transport covers of the needles should be removed.

### *The elution procedure*

The eluant vial with the sterile and pyrogen-free saline solution should be carefully attached to the well (narrower) of the cover, denoted as 1.

The evacuated collecting vial is placed into its lead shielding. Then it is connected carefully to the eluant needle in the well (broader) of the cover, denoted as 2.

The elution is completed when no air bubbles are to be heard in the vial. The collecting vial is then removed, taken out from the shiedling and activity measured.

After each elution, on the output eluate needle a new protecting vial should be placed.

## Analysis and Quality Control

Activities of $^{99}$Mo and $^{99m}$Tc were measured by the calibrated ionisation chamber (Mediac, Nuclear Chikago).

Gamma emitting radionuclides in $^{99m}$Tc eluate were determined by gamma spectrometry using multichannel analyser with Na(I) detector (Typ Zoomax, Sein) and 4096 channel (Sein) analyser with Ge(Li) detector.

The radiochemical purity of the $^{99m}$Tc eluate was determined by ascending paper chromatography in different solvent mixtures. The chromatograms were assayed by appropriate scanner (Berthold).

A possible contamination of $^{99m}$Tc eluate with aluminium was detected by paper impregnated with quinalizarin and by spectrophotometry.

Sterility of $^{99m}$Tc eluate was determined by the method of direct inoculation of bacterial growth medium with $^{99m}$Tc eluate.

The elution efficiency of the generator was determined by measuring the $^{99m}$Tc activity in the eluate. From the proportion between the $^{99m}$Tc present in the generator and that separated during elution process, elution yield was calculated.

## Results and Discussion

During chemical and technological investigations, total of 30 generators, with the activities from 7·4 to 18·5 GBq, were examined. The experience showed easy handling, simple and safe operation of the generators. $^{99m}$Tc produced, exhibited the constant high radionuclidic, radiochemical and chemical purity.

The control was done both by the producer himself and by the authorized Department.

Technological yields of the $^{99m}$Tc in the $^{99m}$Tc eluate were determined to be in the limits of 80 ± 10%. The column, filled with chromatographic alumina, was conditioned by HCl to *p*H 3·1. $^{99}$Mo as sodium molybdate solution was adjusted to *p*H 3·0. Under these conditions 99·9% of $^{99}$Mo is adsorbed.

A typical example of the $^{99m}$Tc generator with its characteristics is presented in Tab. 1.

The suitable construction and the simple operation enable the efficient work, the elution process beeing completed in less than 1 minute.

According to quality control, $^{99m}$Tc is constantly obtained as radionuclidic, radiochemical and chemical pure eluate. Eventually present impurities were beneath permissible and detectable limits.

Radionuclidic purity of the eluate was found to be 99·95% ($^{99}$Mo $\leq$ 0·05%).

Tab. 1. Characteristics of $^{99m}$Tc Generator

| Elution days[a]) | $^{99m}$Tc elution efficiency[b]) First 10 ml eluence, of % | with additional 5 ml eluence, % | $^{99m}TcO_4^-$ content in 10 ml eluate, % | $^{99}$Mo content in 10 ml eluate kBq $^{99}$Mo/GBq $^{99m}$Tc |
|---|---|---|---|---|
| 1 | 72·5 | 2·3 | – | 0·003 |
| 2 | 77·1 | 0·9 | – | 0·004 |
| 3 | 78·2 | 0·9 | 99·4 | 0·008 |
| 4 | 77·4 | 0·8 | – | 0·003 |
| 5 | 76·7 | 0·7 | 98·6 | 0·05 |
| 6 | 76·1 | 0·8 | 99·9 | 0·04 |
| 7 | 81·7 | 0·9 | – | n.d.*) |
| 8 | 74·8 | 0·9 | – | n.d. |
| 9 | 71·2 | 0·8 | 97·2 | n.d. |
| 10 | 73·9 | 0·7 | 96·7 | n.d. |

*) not detected
a) Elutions were done in the intervals of 22 – 24 hours.
b) Elution efficiency was obtained by eluting the generator first with 10 ml and then with 5 ml of eluence; both elutions were performed within 5 minutes.

The contamination of the eluate with aluminium was determined to be $\leqq 5$ µg/ml.

The $^{99m}$Tc eluate is sterile, pyrogen-free and does not contain oxidizing agents. Over 95% of $^{99m}$Tc is in the form of the $^{99m}$Tc pertechnetate.

## Conclusion

The chemical and technological investigations performed, confirmed that the universal $^{99m}$Tc generator is suitable for the production of $^{99m}$Tc for human use.

The construction and design of the generator enable the safe and efficient operation.

In the continuous operation the high yields are achieved and the high quality of the $^{99m}$Tc eluate is obtained.

## Acknowledgement

The authors are indebted to Dr. *Vera Jovanović*, Head of the Department for physical, chemical and biological control and to the staff for their kind cooperation.

Received June 9, 1982

## References

[1] *P. V. Harper, R. Beck, K. A. Lathrop, D. Charlston,* Nucleonics **22** (1964) 50
[2] *P. V. Harper, K. A. Lathrop, G. M. Hinn* et al., "Radioactive Pharmaceuticals", AEC Symp. Ser. **6** (1966) 347
[3] *R. M. Stemple,* ORNL unclass. Document. No. ORNL TM 2091
[4] *R. Münze,* Isotopenpraxis **14** (1978) 81
[5] *W. D. Tucker, M. W. Greene, A. P. Murrehof,* Atompraxis **5** (1962) 1963
[6] *H. Arino, H. H. Kramer,* Int. J. Appl. Radiation and Isotopes **26** (1975) 301

# Aus der Praxis

# Einfache Methode zur externen Steuerung von Strahlungsmeßgeräten

**Keywords**

counting rate meters; counting techniques; data acquisition; multivibrators; recording systems; timing circuits; tracer techniques

## 1. Einleitung

Bei der industriellen Anwendung radioaktiver Tracer wird in vielen Fällenn, so z.B. bei der Aufnahme von Verweilzeitdichtefunktionen, die der Aktivität proportionale Zählrate in Abhängigkeit von der Zeit mit Hilfe von an Behälter- und Rohrwandungen positionierten Strahlungsdetektoren fortlaufend gemessen. Sehr häufig werden dazu die Strahlungsmeßgreäte Typ 20026 als Zähler in Verbindung mit den Ergebnisdruckern Typ 23144 (beide vom VEB Robotron-Meßelektronik „Otto Schön") verwendet.

Die Zählgeräte erlauben eine Messung mit automatischer Wiederholung. Das bedeutet, daß nach dem Erreichen der vorwählbaren Meßzeit das Gerät selbsttätig stoppt und der Meßwert ausgedruckt wird. Nach Beendigung des Druckvorganges löst ein Signal des Ergebnisdruckers die Nullstellung des Zähl- und Vorwahlkanals aus und startet das Gerät erneut. Die Zeitdauer zwischen Druckende und Start beträgt nur etwa 100 µs, für den Druckvorgang selbst werden jedoch (0,5 ± 0,2) s benötigt. Die Abb. 1 zeigt das Blockschaltbild und das Schaltdiagramm im Schema.

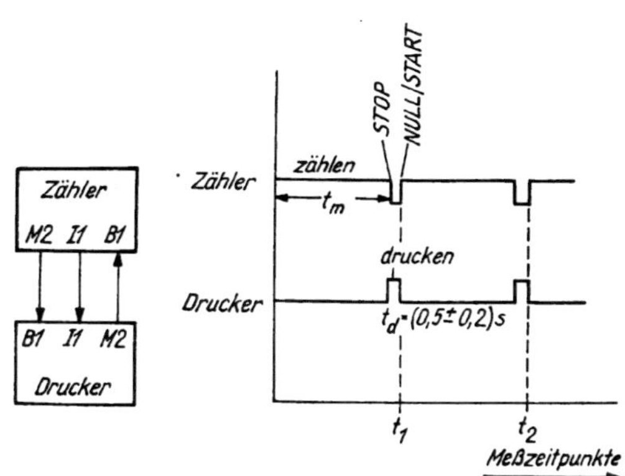


Abb. 1. Blockschaltbild und Schaltdiagramm (Schema) nach Betriebsanleitung

$t_m$ = Zählzeit; $t_d$ = Druckzeit; $t_1 = t_m + t_d$; $t_2 = 2(t_m + t_d)$; $t_d \neq$ konstant!; $B$ = Befehlssignal; $M$ = Meldesignal; $I$ = Informationssignal

Die durch die Trägheit des elektromechanischen Druckers bedingte Dauer des Ausdruckens, die überdies nicht konstant ist, führt dazu, daß eine zeitliche Zuordnung der ausgedruckten Zählraten insbesondere bei Messungen, die sich über eine längere Versuchsdauer (>24 h) erstrecken, fehlerbehaftet ist, wenn der Datenstreifen des Druckers keine

Zeitmarken erhält. Solche Zeitmarken lassen sich per Hand eintragen, was aber u. a. zu Störungen im Druckerbetrieb führen kann. Darüber hinaus werden im allgemeinen durch diese Betriebsart weit mehr Meßwerte registriert als zur statistischen Sicherung der Zielgröße überhaupt erforderlich sind; der Arbeitsaufwand zur Aufbereitung der Meßwerte wird dadurch unnötig erhöht. Der Drucker wird insbesondere bei kurzen Meßzeiten mechanisch stark belastet. Diese Nachteile lassen sich mit geringem apparativem Aufwand umgehen, was im folgenden gezeigt werden soll.

## 2. Beschreibung der Meßanordnung

Eine eindeutige Zuordnung von Meßwert und Meßzeitpunkt, wobei man letzteren i. allg. mit dem Beginn oder auch der zeitlichen Mitte einer Messung gleichsetzt, gelingt, wenn der Zähler erst nach einem definierten Zeitabstand (Wiederholzeit), der größer als die Summe von Meßzeit und Druckzeit ist, wieder gestartet wird. Dann ergibt sich ein beliebiger Meßzeitpunkt $t_n$, z.B. bezogen auf den Beginn einer Messung, exakt aus

$$t_n = \sum_{i=1}^{n} n_i \cdot t_w \qquad (1)$$

($t_w$ = Wiederholzeit, $n_i$ = $i$-ter Meßwert), s. Abb. 2.

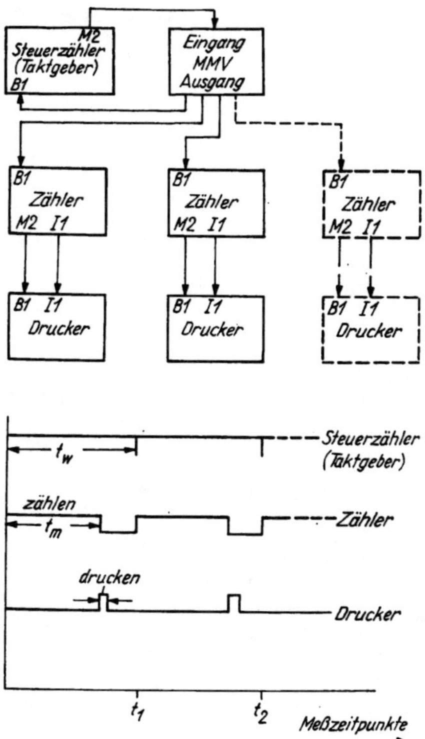


Abb. 2. Blockschaltbild und Schaltdiagramm (Schema) bei externer Steuerung

$t_w$ = Wiederholzeit; $t_w > t_m + t_d$; $t_n = \sum_{i=1}^{n} n_i \cdot t_w$

Es wurde eine Meßanordnung gewählt, bei der der Zähler nach einer geeigneten Wiederholzeit, die an einem als Steuerzähler (Taktgeber) dienenden Strahlungsmeßgerät gleichen Typs vorgewählt wird, erneut startet. Nach Ablauf der am Zähler vorgewählten Meßzeit wird der Zählvorgang gestoppt und das Ergebnis ausgedruckt. Der Start der nächsten Zählung erfolgt dann mit Hilfe des Steuerzählers nach der abgelaufenen Wiederholzeit durch ein zeitlich verlängertes Meldesignal (M 2); gleichzeitig wird der Steuerzähler erneut gestartet. Die zeitliche Verlängerung des M-2-Signals auf 30 µs ist notwendig, da seine Impulslänge am Ausgang des Steuerzählers nicht zum Start der Zähler ausreicht und die Belastung des M-2-Ausganges bei mehr als zwei Zählern überdies zu groß würde. Es wurde ein monostabiler Multivibrator (MMV) verwendet. Zur Spannungsstabilisierung des MMV dient ein stabilisiertes Netzgerät. Das so veränderte M-2-Signal wird an 12 parallel liegende Buchsen gelegt. Damit ist der gleichzeitige Betrieb von maximal 11 Zählern möglich. Den Schaltplan des Multivibrators zeigt die Abb. 3.

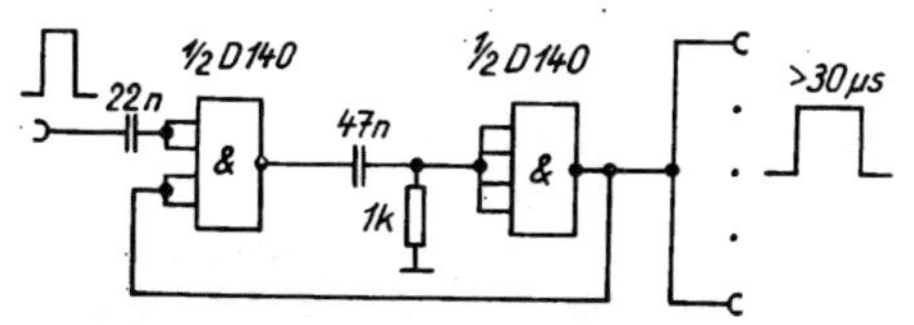


Abb. 3. Schaltplan für MMV

## 3. Zur Anwendung der Meßanordnung

Die Meßanordnung hat sich in der Praxis gut bewährt. Es wurden bereits mehrere Tracerexperimente in Industrieanlagen durchgeführt, die Aktivitätsmessungen in Abhängigkeit von der Zeit über mehrere Tage (> 72 h) erforderlich machten und bei denen diese Betriebsart störungsfrei angewandt wurde.

Aber auch bei der Durchführung von Radiotracerexperimenten im Labormaßstab, in deren Verlauf Zählraten in zeitlichen Abständen zu bestimmen sind, kann die Meßanordnung vorteilhaft angewandt werden. So lassen sich z.B. Sedimentationsuntersuchungen, die sich bei geringer Sedimentationsgeschwindigkeit des Feststoffes über 24 Stunden und mehr erstrecken können, ohne Aufsicht durchführen.

*P. Hecht, R. Otto, H. Ulrich*

Zentralinstitut für Isotopen- und Strahlenforschung
der AdW der DDR
7050 Leipzig, Permoserstraße 15

Eingegangen am 1. 7. 1982

## Literatur

Betriebsanleitung zum Strahlungsmeßgerät Typ 20 026, VEB Robotron-Meßelektronik „Otto Schön" Dresden

# Tagungsberichte

## Bericht über die 5th International Conference on Geochronology, Cosmochronology and Isotope Geology vom 27. 6. bis 2. 7. 1982 in Nikko, Japan

Die fünfte der seit 1967 in 4jährigem Turnus veranstalteten International Conferences on Geochronology, Cosmochronology and Isotope Geology hatte etwa 390 Teilnehmer und 240 Vorträge in den Sektionen

- regionale Geochronologie
- Geochronologie im sedimentären Bereich
- Geochronologie und Petrogenese im vulkanischen Bereich
- Geochronologie und Petrogenese im plutonischen Bereich
- Geochronologie auf der Grundlage von Aktivitätsmessungen
- neue Methoden und *fission track*-Methoden der Geochronologie
- Konsequenzen der Isotopenforschung für die Entwicklung von Kruste und Mantel
- kosmogene Nuklide
- Isotopenanwendung bei der Erforschung der Paläogeographie
- Isotopenanomalien
- Geochemie der Edelgase und ihrer Isotope
- hydrothermale Prozesse
- Isotopenhydrologie
- Isotopengeochemie leichter Elemente im sedimentären Bereich
- Isotopenfraktionierungen bei metamorphen Prozessen und Isotopenzusammensetzung leichter Elemente im Mantel
- Metamorphose meteoritischer Materie
- experimentelle Fortschritte und Effekte der kosmischen Strahlung.

In der Mehrzahl der Vorträge wurde über die Anwendung bekannter experimenteller Techniken und bekannter Auswertungsprinzipien auf die Klärung regionalgeologischer und -geochemischer Probleme berichtet. Angesichts des Profils unserer Zeitschrift kann auf die zusammenfassende Wiedergabe dieser Vorträge verzichtet werden. (In einer geowissenschaftlich orientierten Zeitschrift würde die Wertung dieser Vorträge im Vordergrund stehen müssen.) Der hier zu gebende Bericht soll sich vielmehr auf die Bewertung derjenigen Vorträge und Diskussionen konzentrieren, die entweder Fortschritte in den experimentellen Techniken und Auswertungsprinzipien oder fundamentale geowissenschaftliche Erkenntnisse zum Inhalt hatten. Außerdem soll dargestellt werden, welche Schlußfolgerungen für die gegenwärtige Position der Isotopenforschung im Rahmen der geowissenschaftlichen Forschung aus der Tagung abgeleitet werden können. (Die Konsequenzen für die Kosmoswissenschaften sollen außer acht bleiben.)

### 1. Fortschritte in den experimentellen Techniken

*J. E. Cantle, R. Haines* und *P. J. Turner*, Großbritannien, berichteten über einen multiplen *Faraday*-Auffänger für die gleichzeitige Registrierung von bis zu sieben Ionenstrahlen. Die dadurch möglich werdende Eliminierung von Fehlern, die auf Schwankungen in der Ionenstrahlstromstärke beruhen, erlaubt Genauigkeiten bei der Bestimmung von Isotopenverhältnissen, die dicht bei den aus der Ionenstatistik und dem Rauschen der Verstärker berechneten liegen.

*W. Compston* und *I. S. Williams*, Australien, konstruierten eine empfindliche Ionenmikrosonde hoher Auflösung, mit deren Hilfe die Isotopenzusammensetzung des Bleis und das $^{238}U/^{206}Pb$-Verhältnis in einzelnen Zirkonen gemessen werden kann. Auch die Bestimmung des $^{176}Hf/^{177}Hf$-Verhältnisses in einzelnen Zirkonen kann so vorgenommen werden.

*D. Elmore*, USA, berichtete über Fortschritte bei der Anwendung der ultraempfindlichen Massenspektrometrie mit dem Tandem-*van-de-Graff*-Beschleuniger der Universität Rochester auf die Bestimmung von $^{36}Cl$ in Eis-Bohrkernen und von $^{10}Be$ in limnischen Sedimenten.

*J. D. Fasset* et al., USA, stellten ein vom National Bureau of Standards entwickeltes Laser-Massenspektrometer mit hochempfindlicher und isotopenselektiver Ionenzählung vor und berichteten über damit erzielte Ergebnisse über die Verdampfung, die Isotopendiskriminierung und das Ionisationsverhalten anorganischer Verbindungen.

*K. Habfast*, BRD, zeigte, daß mit der Verfügbarkeit automatischer Massenspektrometer mit Thermoionenquelle mit Reproduzierbarkeiten in der Größenordnung von 0,002% exaktere Korrektionen der Isotopenfraktionierung in der Ionenquelle auf der Basis eines *Raleigh*-Ansatzes für die Fraktionierung notwendig werden.

*M. Ohki, K. Kobayashi* und *H. Ohashi*, Japan, vervollkommneten ihre Ionenzähltechnik für instabile Ionenströme von weniger als $10^{-16}$ A durch den Einbau einer programmierbaren Kontrolle der Magnetfeldstärke.

*J. C. Ruchlidge* et al., Kanada, berichteten über die Konzeption eines mit einem 3 MeV-Beschleuniger gekoppelten Massenspektrometers hoher Empfindlichkeit, das ab Herbst 1982 für die Elementspurenanalytik und die Isotopenanalyse an Spurenelementen einsetzbar sein wird.

*J. C. Baubron* und *M. G. Bonhomme*, Frankreich, zeigten, daß Gangerzlagerstätten begleitende Tone, die hauptsächlich aus Illit und Smektit bestehen, unter angebbaren Umständen für die Datierung solcher Vererzungen mit Hilfe der K/Ar- und der Rb/Sr-Methode geeignet sind.

*H. Kakihana* et al., Japan, wiesen Variationen in der Isotopenzusammensetzung des Bors in der Größenordnung einiger Prozente nach und stellten ein Modell zur Deutung dieser Variationen vor. Damit rückt ein weiteres Element in die Reihe der leichten Elemente, deren Isotopenvariationen zur Erforschung geochemischer Prozesse herangezogen werden können.

*A. Matthews, J. R. Goldsmith* und *R. N. Clayton*, USA, gaben auf der Grundlage einiger experimenteller Untersuchungen und solcher anderer Autoren präzisierte $^{18}O$-Fraktionierungsfaktoren für eine Reihe von Mineralpaaren an, auf deren Grundlage exaktere Paläotemperaturbestimmungen möglich werden.

*H. Wada*, Japan, stellte ein Calzit-Graphit-Thermometer vor:

$$\Delta\delta^{13}C_{\text{Calzit-Graphit}} = \frac{5{,}6\cdot 10^6}{T^2} + 2{,}35$$

dessen Leistungsfähigkeit für die Geothermometrie im metamorphen Bereich unter Beweis gestellt wurde.

Nach Untersuchungen von *H. Chiba* und *H. Sakai*, Japan, verläuft der Austausch der Sauerstoffisotope im System $SO_4''/H_2O$ zu langsam, als daß er den $\delta^{18}O$-Wert ozeanischer Sulfate beeinflussen könnte. Die Geschwindigkeit dieser Isotopenaustauschreaktion erwies sich als weitgehend unabhängig von Temperatur, *p*H-Wert und Konzentration.

Wie *B. D. Marshall* und *D. J. DePaolo*, USA, zeigten, ist die Zerfallsreaktion $^{40}K \rightarrow {}^{40}Ca + \beta^-$ ein ausgezeichnetes Mittel zur Datierung und zur Erforschung der Beziehungen zwischen Kruste und Mantel, zumal das K/Ca-Verhältnis im Mantel (0,01) so klein ist, daß die Isotopenzusammensetzung des Mantels im Laufe der Erdgeschichte praktisch konstant geblieben ist. (Die bisherige Reserviertheit gegenüber diesem System beruht auf den durch die Vervollkommnung der Massenspektrometrie inzwischen überwundenen Schwierigkeiten bei der Präzisions-Isotopenanalyse des Calciums.)

*T. Tanaka* und *A. Masuda*, Japan, stellten das Ergebnis der ersten Datierung auf der Basis der Zerfallsreaktion $^{138}La \xrightarrow{Ec} {}^{138}Ce$ vor und verglichen dieses System mit dem bewährten Sm/Nd-Geochronometer.

*D. B. Curtis* et al., USA, zeigten, wie sich die in der Oklo-Uranlagerstätte vor zwei Milliarden Jahren durch Kernspaltung des $^{235}U$ gebildeten Spaltprodukte für geochemische Untersuchungen im Bereich dieser Lagerstätte heranziehen lassen. Vielleicht lassen sich auf diesem Wege in Zukunft auch Beiträge zur Klärung der mit der Deponie von Kernbrennstoffabfällen verbundenen geochemischen Probleme leisten.

## 2. Fortschritte von fundamentaler Bedeutung für die geowissenschaftliche Forschung

Wie die Konferenz zeigte, sind neben Fragen der Kosmoswissenschaften

- die Dynamik der Entwicklung der kontinentalen Kruste,
- die Herkunft der Krustengesteine,
- die chemische und isotopische Zusammensetzung und die Entwicklung des Erdmantels,
- die Wechselwirkung zwischen Gesteinen und Wasser,
- die geochemischen Prozesse im sedimentären Bereich und
- die Entwicklung der Atmosphäre,

die wichtigsten Gegenstände der gegenwärtigen isotopengeologischen Forschung.

Über die Dynamik der Evolution der Erdkruste entsteht ein einigermaßen einheitliches und widerspruchsfreies Bild, wie besonders die Vorträge von *E. V. Bibikova* und *V. A. Grinenko*, UdSSR, *Chen Yu Wei* und *Zhu Bring-Quan*, VR China, *D. Gebauer* und *M. Grünfelder*, Schweiz, *M. T. McCulloch*, Australien, *Yu. Pushkarev*, UdSSR, und *K. Wetzel* und *H. Schütze*, DDR, deutlich machten. Es steht fest, daß schon vor mehr als 3 Milliarden Jahren mächtige Kontinentalkerne existiert haben, daß sich das Wachstum der Kontinente in einer Reihe von Episoden hoher, mit dem Empordringen von Magma aus dem Oberen Mantel verbundener magmatischer Aktivität vollzogen hat und daß diese Episoden einen mehr oder weniger globalen Charakter hatten. Als solche Episoden heben sich diejenigen vor 3,4 bis 3,3 Milliarden Jahren, vor etwa 2,6 Milliarden Jahren und vor 1,8 bis 1,6 Milliarden auf allen Kontinenten ab; zumindest für Westeuropa muß eine solche Phase hoher orogenetischer Aktivität auch vor etwa 0,7 Milliarden Jahren stattgefunden haben.

Ein nicht ganz so klares und unumstrittenes Bild ergibt sich für die Evolution des Mantels, mit der sich Vorträge solcher Autoren wie *A. R. Basu* und *M. Tatsumoto*, USA, *R. Hart*, *J. Dymond* und *L. Hogan*, USA, *P. J. Patchett*, BRD, sowie *S. Watanabe*, *K. Mishima* und *S. Matsuo*, Japan, auseinandersetzten. Gegenstand der gegenwärtigen Forschung auf diesem Gebiete sind die laterale und vertikale Ausdehnung sowie die zeitliche Entwicklung der an lithophilen Elementen verarmten Teile des Mantels sowie die Frage, welche Magmen in welchen Bereichen des Mantels entstehen. Kimberlite bilden sich offenbar aus sehr tief gelegenen und deshalb chondritisch zusammengesetzten Bereichen des Mantels. Es häufen sich Hinweise darauf, daß an lithophilen Elementen verarmte Bereiche des Mantels erst vor etwa einer Milliarde Jahren zur vorherrschenden Magmaquelle geworden sind und daß nicht nur die Riftbasalte, sondern zumindest ein Teil der kontinentalen Magmen auch aus solchen Bereichen des Mantels stammen. Große Probleme bereitet auch die Ermittlung der Isotopenzusammensetzung leichter Elemente im Oberen Manteldurch „Beprobung" des Mantels. *R. H. Becker*, USA, fand gute Übereinstimmung zwischen den $\delta^{15}N$-Werten in Diamanten mit den von *U. Wand* et al., DDR, gemessenen Werten. Aus den $\delta^{13}C$-Werten des Kohlenstoffs ($CO_2$, Graphit) in Olivin-Kristallen würde sich ein $\delta^{13}C$-Wert im Mantel von etwa $-14^0/_{00}$ (PDB) ergeben, was wir für unwahrscheinlich halten. Es ist wenig wahrscheinlich, daß organisch gebundener Kohlenstoff bevorzugt vor karbonatischem Kohlenstoff den Zyklus über die ozeanischen Sedimente und den Oberen Mantel durchläuft; auch besteht ein gewisser Widerspruch zu den von *M. Javoy*, *F. Pineau* und *H. Delmore*, Frankreich in vulkanischen Gasen gemessenen $\delta^{13}C$-Werten und zu den $\delta^{13}C$-Werten der meisten Diamanten.

Wenn auch wohl Einigkeit darüber besteht, daß viele granitische Gesteine durch Palingenese von Sedimenten bzw. Parametamorphiten entstehen, so häufen sich doch die Beweise dafür, daß granitische Gesteine auch durch Kristallisationsdifferentiation aus basischen Magmen entstehen bzw. daß die Ausgangsmagmen solcher Gesteine Gemische aus Produkten des partiellen Aufschmelzens des Oberen Mantels bzw. der in den Subduktionszonen abtauchenden ozeanischen Kruste und älterer kontinentaler Kruste sind. Einflüsse der Dicke der kontinentalen Kruste (*B. Deruelle*, Kamerun, *R. S. Harmon* und *S. Moorbath*, Großbritannien, sowie *B. Barreiro*, USA), der Neigung der abtauchenden ozeanischen Kruste (*J. Urruntia-Fucugauchi*, Mexiko), des Modellalters der kontinentalen Kruste und der Atmosphäre (*C. J. Allegre*, Frankreich), das Entstehen granitischer Gesteine und ozeanischer Inselbasalte aus Magmen ein- und desselben Typs (*D. Demaiffe*, *D. Weis*, Belgien, und *J. Honnorez*, USA), das Entstehen von Riftbasalten und kontinentalen Flutbasalten aus Mantelbereichen etwa gleicher chemischer Zusammensetzung (*G. W. Lugmair*, *J. D. MacDougall*, USA) und viele andere Probleme der Evolution der Kruste wurden behandelt.

Nach wie vor umstritten ist die grundsätzliche Frage, ob die Quelle des kontinentalen Wachstums der Mantelkeil zwischen abtauchender ozeanischer Kruste und Kontinentalrand oder die *Benioff*-Zone der abtauchenden ozeanischen Kruste ist. Im letzteren Falle stammt zumindest der größte Teil der kontinentalen Kruste ebenso wie die ozeanische Kruste aus dem (wenigstens seit $10^9$ Jahren an lithophilen Elementen verarmten) Oberen Mantel unter den ozeanischen Riftzonen; im ersteren Fall sind unterschiedliche Bereiche des Mantels (sicherlich auch unterschiedlicher Verarmung an lithophilen Elementen) Quellen der ozeanischen bzw. kontinentalen Kruste.

Eng mit den Problemen der Wechselwirkung zwischen Mantel und Kruste und der mathematischen Modellierung dieser Prozesse verbunden ist die Frage nach der Rückführung („recycling") von kontinentalem Krustenmaterial in den Mantel, mit der sich *M. Javoy, F. Pineau* und *H. Delorme*, Frankreich, *T. C. Liew* et al., Australien, sowie *R. K. O'Nions, P. J. Hamilton* und *P. J. Hooker*, Großbritannien, auseinandersetzten. Nach unserer Auffassung steht ein solches *recycling* im Widerspruch zum $^{18}$O-Überschuß der kontinentalen Kruste im Vergleich mit dem Oberen Mantel und mit einer Reihe weiterer als gut gesichert anzusehender Erkenntnisse geochemischer Forschung.

Eine Reihe von Vorträgen (*H. Friedrichsen*, BRD, *A. M. Graham, C. M. Graham* und *R. S. Harmon*, Großbritannien, sowie *C. M. Graham, R. S. Harmon, J. Bortwich*, Großbritannien, und *S. M. F. Sheppard*, Frankreich) war der Untersuchung der Wechselwirkungsprozesse der Gesteine mit Wasser anhand ihrer $\delta^{18}$O- und $\delta$D-Werte gewidmet.

Wie eine Reihe weiterer Vorträge zeigte, können Untersuchungen über die Isotopenzusammensetzung des Stickstoffs, des Sauerstoffs, des Schwefels und der Edelgase, aber auch Spaltspur-Untersuchungen wichtige Beiträge zur Erforschung der Evolution der Atmosphäre leisten.

Als wichtigste Schlußfolgerungen aus der Konferenz sehen wir die folgenden an:

1) Die Isotopenmethoden sind zu einem entscheidenden Mittel zur Aufklärung fundamentaler geowissenschaftlicher Probleme geworden (Wechselwirkung zwischen Erdkruste und Mantel, Charakter und Herkunft der Ausgangsmagmen von Gesteinen und Mineralen, Dynamik und Mechanismus der Evolution der Erdkruste, „Geschichte" der Meteorite ...).
2) Die Isotopenmethoden spielen eine wichtige Rolle bei der Aufklärung regionalgeologischer und lagerstättenkundlicher Probleme.
3) Die weitere Entwicklung der Leistungsfähigkeit der Isotopenmethoden hängt in starkem Maße vom weiteren Ausbau der Theorie der Isotopieeffekte bei geochemischen Prozessen ab.
4) Eine weitere Reserve bei der Entwicklung der Leistungsfähigkeit der Isotopenmethoden liegt in ihrer Kombination miteinander und mit elementgeochemischen (RE patterns!) und petrographischen Methoden zur Lösung konkreter geologischer, insbesondere regionalgeologischer Probleme.
5) Es besteht die Tendenz zur Erweiterung der Palette der Isotopenmethoden um solche „exotischen" Methoden wie $^{40}$Ar/$^{39}$Ar-Datierung, Lu/Hf-Datierung, Ru/Os-Datierung, Messung der Produkte der Spontanspaltung von U- und Th-Isotopen, insbesondere der Edelgasisotope, sowie Untersuchungen über natürliche Variationen in der Isotopenzusammensetzung des Bors.
6) Keine der neueren Isotopenmethoden stellt den Wert der „klassischen" Methoden, insbesondere der Pb-Methoden, in Frage.
7) Das ZfI ist offenbar noch immer die einzige Forschungsstätte, die sich mit der Ausarbeitung und Anwendung halbempirischer Ansätze befaßt, die die $\delta$-Werte leichter Elemente in Gesteinen in Beziehung zum Chemismus der Hauptelemente dieser Gesteine setzen.
8) Keine der Grundfragen der gegenwärtigen isotopengeochemischen Forschung (Ursprung der das kontinentale Wachstum bewirkenden Magmen, Dynamik der Beziehungen zwischen Mantel, unterer und oberer Kruste, Dynamik des kontinentalen Wachstums, Recycling von Material der kontinentalen Kruste in den Mantel ...) ist auf der Tagung einer unbestreitbaren bzw. unbestrittenen Antwort zugeführt worden.

*K. Wetzel*

Eingegangen am 4. 8. 1982

## International Symposium on Agrochemicals: Fate in Food and the Environment Using Isotope Techniques — Rome 7.—11. 6. 1982

Veranstalter: International Atomic Energy Agency (IAEA)
Food and Agriculture Organization of the United Nations (FAO)

Unter den Teilnehmern dieses Symposiums aus 40 Ländern stellten die 55 Delegierten aus 30 Entwicklungsländern die Mehrheit dar. In diesen Ländern werden im Jahre 2000 etwa 80% der Weltbevölkerung leben und dort ernährt werden müssen; angesichts dieser Tatsachen ist es verständlich, daß die Entwicklungsländer an erster Stelle Forschungsarbeiten zur Steigerung der Lebensmittelproduktion durchführen. Die FAO und die IAEA entsprechen dieser Entwicklung durch die Veranstaltung spezieller Fachsymposien. Die verstärkte Anwendung isotopentechnischer Verfahren bei diesen weltweit durchzuführenden Forschungsarbeiten stellt eine der Voraussetzungen für die ökonomische Durchführung und Intensivierung solcher Untersuchungen dar.

Das wissenschaftlich-technische Niveau des Symposiums war nur zum Teil geprägt von Vorträgen, in denen auf hohem Niveau über Probleme der Grundlagen- und der angewandten Forschung berichtet wurde (Untersuchungen an Mikro-Ökosystemen, über den Metabolismus von Pestiziden, über *bound residues* im Boden). Ein Teil der Vorträge behandelte einfache Studien über den Abbau und die Rückstände von Pestiziden in speziellen biologischen Systemen. Nicht immer gelang es den Vortragenden, die eindeutigen Vorteile isotopentechnischer Methoden bei der Erforschung ökochemischer Problemstellungen von Agrochemikalien überzeugend darzustellen.

Im folgenden werden die für isotopentechnische Methoden wichtigen Vorträge der 7 Sitzungen zusammenfassend dargestellt.

Sitzung I: *Pesticides, Benefits and Costs*

*P. C. Kearney*, der Autor des bekannten Standardwerks über Herbizide und Direktor des Pesticide Degradation Lab., U.S. Department of Agriculture, betonte in seinem Übersichtsvortrag, daß Studien zum Verhalten von Pestiziden in biologischen Systemen mit radioaktiv markierten Wirkstoffen nicht nur vom analytisch-chemischen Standpunkt aus das optimale Verfahren darstellen, sondern daß auch die notwendigen Kosten dabei ein Minimum erreichen. Bei den in manchen Pestiziden als Nebenprodukte enthaltenen Nitrosaminen konnten mit $^{14}$C-markierten Substanzen grundlegende Informationen über deren Verhalten in der Umwelt gewonnen werden (IUPAC-Programm über Nitrosamine in Pestiziden).

Sitzung II: *Pesticides in the Agricultural Environment*
In seinem ausführlichen Vortrag zum Metabolismus von Pestiziden gab *G. W. Ivie* (USA) zusammenfassende Angaben zur Wahl des Isotops und dessen Position im Molekül, zum Syntheseweg und zur notwendigen spezifischen Aktivität sowie zur Identifizierung des Wirkstoffs und seiner Metaboliten mit Hilfe geeigneter chromatographischer Verfahren.

*F. Führ* (BRD) erläuterte Experimente in Labor-Ökosystemen und im Freiland zur Wanderung im Boden, zur Aufnahme in Pflanzen und Wurzeln sowie zur Frage der gebundenen Rückstände im Boden; nach der Extraktion des Bodens wird die Aufnahme der nichtextrahierbaren Rückstände in neu eingebrachte Pflanzen bestimmt. Siehe dazu auch IAEA TECDOC-247, Wien 1981: Isotope Tracer-Aided Studies of Agrochemical-Biota Interactions in Soil and Water.

Sitzung III: *Pesticides in Aquatic Ecosystems*
*D. Ernst* (BRD) gab eine Übersicht zu Studien mit markierten Pestiziden in aquatischen Ökosystemen zu den grundlegenden Prozessen Ecotoxicity, Degradability, Bioaccumulation und Transportation. Auf die Bedeutung der Verteilungskoeffizienten n-Octanol/Wasser und Wasser/Luft für Transport- und Akkumulationsvorgänge wurde hingewiesen; diese Koeffizienten sind mit markierten Wirkstoffen leicht meßbar.

*L. Horvath* et al. (VR Ungarn) stellten eine neue Methode zur Messung von Insektiziden in Wasser vor, wobei ohne Extraktion gearbeitet werden kann, so daß auch toxische wasserlösliche Spaltprodukte mit erfaßt werden. Als Substrat dient $^{3}H$-acetyl-Acetylcholin, die enzymatisch abgespaltene $^{3}H$-Essigsäure wird durch Zweiphasenverteilung mit Wasser von dem in der Szintillatorlösung befindlichen Acetylcholin getrennt, so daß die Messung direkt in der LSC-Küvette im Zweiphasensystem Wasser-Szintillator durchführbar ist; erfaßt werden Pestizide mit cholinesterase-hemmender Wirkung.

Sitzung IV: *Pesticides in Soil*
Unter Verwendung von ring-$^{14}C$-markierten Pestiziden konnte *W. Klein* (BRD) eine lineare Beziehung zwischen nichtextrahierbaren Rückständen im Boden und dem entstehenden $^{14}CO_2$ nachweisen; nur Mikroben sind in der Lage, Ringsysteme zu metabolisieren und daraus $CO_2$ in Freiheit zu setzen. Für 11 Chemikalien (Nonpesticides sowie Chloroalkyl-, Chloroaryl- und Chloroanilin-Pesticides) wurde gefunden, daß gute Wachstumsbedingungen für Pflanzen hohe Ernten und damit gleichzeitig hohe Werte an gebundenen Rückständen im Boden ergeben.

Im Arbeitskreis von *E. P. Lichtenstein* (USA) werden langjährig Untersuchungen zum komplexen Abbau von Agrochemikalien in Ökosystemen durchgeführt, wobei die Wechselwirkung unterschiedlicher Typen von Pestiziden untereinander (Insektizide, Fungizide, Herbizide) sowie mit Düngemitteln speziell im Boden untersucht wird. Die Aktivierung der Hemmung mikrobieller Abbauwege durch unterschiedliche N- oder C-Quellen bzw. biologische Aktivität pestizider Wirkstoffe ergibt eine Vielzahl möglicher Faktoren, die die Lebensdauer der Wirkstoffe im Boden bestimmen. Die Verfügbarkeit schneller und informativer Analysenverfahren wie der Radio-Isotopentechnik stellt die Voraussetzung dar, eine solche komplexe Thematik überhaupt in überschaubaren Zeiträumen erfolgreich bearbeiten zu können.

Sitzung V: *Pesticide Metabolism in Plants*
Nur mit Hilfe radioaktiv markierter Wirkstoffe kann eine komplette Übersicht über den Verbleib von Molekülbruchstücken beim Abbau des Wirkstoffs und dem anschließenden Übergang in den biochemischen Stoffwechsel erhalten werden (balance sheet); besonders vorteilhaft sind Isotopenverfahren bei der Analyse wasserlöslicher und gebundener, nicht extrahierbarer Metaboliten sowie schwerlöslicher Wirkstoffe (*K. A. Lord*, England).

Sitzung VI: *Pesticides in Food*
*W. Dedek* (DDR) erläuterte die Vorteile und Nachteile des Isotops $^{32}P$ beim Arbeiten in biologischen Medien. Die Auswertung von DC-Chromatogrammen durch Scanner und Autoradiographie mit paralleler Anfärbung durch Reagentien wurde demonstriert; der Vortrag zeigte, daß die DC eine sehr nützliche und insbesondere ökonomische Methode zum Studium sowohl einfacher Transportvorgänge als auch weitergehender Fragestellungen zum Metabolismus in unterschiedlichen biologischen Medien darstellt. *H. E. Oberländer* (Österreich) stellte Ergebnisse zur Aufnahme und Verteilung der Schwermetalle $^{203}Hg$, $^{115m}Cd$ und $^{65}Zn$ aus dem Boden in Getreidepflanzen und -produkte vor. Für Hg konnte eine Nachweisgrenze von 0,2 ppb erreicht werden. Cd wird etwa um den Faktor $10^2$ mehr aufgenommen als Hg; innerhalb der Pflanze bleiben die Metalle zum großen Teil im Stroh gebunden, so daß die Rückstände im Mehl am geringsten sind.

Sitzung VII: *Fertilizers and Pesticides*
*K. Reicherdt* et al. (Brasilien) gaben eine umfassende Darstellung der Ergebnisse von $^{15}N$-Untersuchungen über N-Düngemittel im System Boden – Pflanze. Als Komponenten der N-Zufuhr werden mineralische und organische Düngemittel, biologische Fixierung und Regenwasser, als N-Verluste Auslaugung, *run-off*, Denitrifikation und Ausbringung mit der Ernte betrachtet. N-Verluste durch Denitrifikation können bis zu 30% der mit dem Dünger zugeführten N-Menge ausmachen. *K. Wetzel* (DDR) stellte die vom ZfI Leipzig entwickelten emissionsspektrometrischen $^{15}N$-Analysatoren NOI-5, Isonitromat 5200 und NOI-6 vor. Ein Vergleich der Parameter dieser Geräte zeigt, daß der Typ NOI-6 hinsichtlich der Probenmenge mit dem nicht automatisierten Typ NOI-5 vergleichbar ist und in bezug auf den Grad der Automatisierung dem Typ Isonitromat 5200 nahekommt. Unter Verwendung des Geräts NOI-5 wurde das Verhalten von CCC (2-chloroethyl-trimethylammoniumchlorid) an der Weizenpflanze untersucht; die höchsten Wirkstoffkonzentrationen treten in den Nodien auf.

Anschließend fand eine Panel-Diskussion statt zum Thema: Research Needs for Effective and Safe Pesticides in Developing Countries. Als Schwerpunkte zukünftiger Entwicklungen, die durch Forschungs-Investionen unterstützt werden müssen, wurden dargestellt:

– Bereitstellung ausreichender Mengen an Pestiziden zu erschwinglichen Preisen
– Entwicklung von Wirkstoffen für spezielle Gebiete und die dort angebauten Kulturen
– Studien zum Rückstandsverhalten von Pestiziden unter speziellen Klimabedingungen
– Entwicklung von Meßprogrammen für Rückstände in Lebensmitteln und zur Exposition am Menschen bei der Ausbringung.

Es wurde dargelegt, daß die Bereitstellung der markierten Wirkstoffe einer der Engpässe solcher Programme ist, da meistens nur wenige seit langer Zeit bekannte und im Einsatz befindliche Wirkstoffe als radioaktiv markierte Präparate kommerziell erhältlich sind. Ein Schwerpunkt dieser Arbeiten wird darin bestehen, die Persistenz der relativ billigen Organochlor-Insektizide in tropischen Böden zu studieren; in den Industrieländern sind die meisten dieser Wirkstoffe wegen ihrer hohen Persistenz und damit verbundener problematischer toxikologischer Eigenschaften aus zahlreichen Anwendungsbereichen zurückgezogen worden. Die zwei wichtigsten Wirkstoffe für diese Arbeiten werden DDT und BHC (technisches Hexachlorcyclohexan) sein, für die bereits einzelne Beobachtungen über relativ niedrige Persistenz in tropischen Böden vorliegen sollen.

*K. Wetzel, W. Dedek*

Eingegangen am 13. 9. 1982

# Informationen

**DDR.** Vom Staatlichen Amt für Atomsicherheit und Strahlenschutz (SAAS) der DDR sind folgende neue Berichte erschienen:

SAAS-286 Spaltgasfreisetzung aus Urandioxid (Fission-gas release from $UO_2$ — *H. J. Schreiber*) 41 S.

SAAS-288 Die Anordnung über die zentrale Erfassung und Endlagerung radioaktiver Abfälle vom 11. Mai 1981 — eine neue Rechtsvorschrift des Strahlenschutzes in der DDR (The order on the centralized collection and final storage of radioactive waste of May 11, 1981 — a new piece of radiation protection legislation in the GDR — *W. Körner* u. *H. Loos*) 22 S.

SAAS-289 Berechnung der zulässigen Leistung von Reaktoren des Typs WWER-440; Vortrag auf dem 11. Symposium über Atomtechnik am 10. bis 12. September 1981 in Pacs/UVR (Calculation of permissible power of WWER type reactors — *J. Höhn u. M. Mertins*) 15 S.

SAAS-280 Band 2 Abschlußkonferenz über die wissenschaftlich-technische Zusammenarbeit auf dem Gebiet des Strahlenschutzes zwischen dem Ministerium für Gesundheitswesen der UdSSR und dem Staatlichen Amt für Atomsicherheit und Strahlenschutz im Zeitraum 1979—1980, Weimar 12.—18. Oktober 1980; Vorträge) 201 S.

**IAEA/OECD/NEA.** Die Entsorgung beim Abbau und der Aufarbeitung von Uranerzen, vor allem ihre langfristigen Auswirkungen, erregen in vielen Ländern zunehmendes Interesse, weil immer größere Mengen von Abfällen anfallen, die Umweltwirkungen nach sich ziehen könnten. Bisher hat man sich keine allzu großen Sorgen über die damit verbundenen Risiken gemacht, und durch die Fortschritte der Aufarbeitungstechnik und der Entsorgung ist mit weiteren Verbesserungen zu rechnen. Die Abfälle enthalten nur natürliche Radionuklide, die aber den Großteil der im Uranerz vorhandenen Radioaktivität darstellen.

Wegen der Bedeutung dieses Themas und der in den letzten Jahren eingetretenen Neuerungen veranstaltete die Internationale Atomenergie-Organisation (IAEA) gemeinsam mit der Kernenergieagentur (NEA) der Organisation für Wirtschaftliche Zusammenarbeit und Entwicklung (OECD) vom 10. bis 14. Mai 1982 in Albuquerque (USA) ein internationales Symposium, auf dem wichtige Fragen der Entsorgung bei der Urangewinnung und -aufarbeitung erörtert wurden.

Die IAEA ist seit langem bestrebt, Informationen über die radiologischen und technischen Grundlagen für die Entsorgung bei der Aufarbeitung von Uran und Thorium zu verbreiten, und hat 1976 eine Sammlung von Anleitungen über dieses Thema herausgebracht. In jüngerer Zeit befaßte sich eine ihrer Expertengruppen mit den derzeitigen Verfahren und Möglichkeiten zur Einschließung von Abfällen aus Uranaufarbeitungsanlagen, und 1981 wurde ein Bericht darüber veröffentlicht. Das Symposium war die erste Tagung der IAEA, die ausschließlich diesem Thema gewidmet war.

Die Kernenergieagentur der OECD hat ebenfalls seit 1976 ein Arbeitsprogramm für Strahlenschutz und Entsorgung im Zusammenhang mit dem Abbau und der Aufarbeitung von Uran. Im Juli 1978 veranstaltete sie in Albuquerque ein internationales Symposium über Behandlung, Stabilisierung und Umweltwirkungen von Abfällen aus Uranfabriken. Als Ergebnis dieser Tagung führt die NEA seit 1979 ein großangelegtes Arbeitsprogramm auf diesem Gebiet durch, wobei vor allem die langfristigen Aspekte der Entsorgung untersucht werden.

Auf dem Programm des Symposiums standen unter anderem folgende Themen: Zielsetzung, Kriterien und Beurteilung der Konzepte für langfristige Entsorgung; Klassifizierung der Abfälle, Behandlung und Konditionierung von Abwässern; Technik der Stillegung von Anlagen und der Beseitigung von Umweltschäden; Begutachtung der radiologischen Wirkungen; Überwachung und Kontrolle der Umwelt; Forschungs- und Entwicklungsprogramme.

Die Programme einiger uranproduzierenden Länder sollten erläutert werden.

Zu Beginn des Symposions hielt *Frank E. Coffman*, Stellvertretender Sekretär für Programme über Entsorgung und den Brennstoffkreislauf des Department of Energy der USA, einen Einführungsvortrag. Rund 180 Fachleute aus 23 Ländern wurden zu der Tagung erwartet, für die 52 Referate vorlagen.

(Pressemitteilung IAEA)

**IAEA.** Der Generalsekretär der Vereinten Nationen, *Javier Perez de Cuellar*, hat die Ernennung von *Amrik S. Mehta* zum Generalsekretär der Konferenz der Vereinten Nationen zur Förderung der internationalen Zusammenarbeit bei der friedlichen Nutzung der Kernenergie bekanntgegeben, die vom 29. August bis 9. September 1983 in Genf, Schweiz stattfindet. *A. Mehta* tritt an die Stelle von *Kenneth K. S. Dadzie*.

*A. Mehta* trat im April 1978 als Sonderberater des Generaldirektors mit dem Rang eines Stellvertretenden Generaldirektors in die Dienste der IAEA. Bei der IAEA war er vor allem für Arbeiten im Zusammenhang mit der Tätigkeit verschiedener Organe der Vereinten Nationen zuständig, und er vertrat die IAEA auf der UNO Generalversammlung und im Vorbereitenden Ausschuß der UN-Konferenz zur Förderung der internationalen Zusammenarbeit bei der friedlichen Nutzung der Kernenergie. Ferner war er für die

Betreuung des Ausschusses für Lieferungsgarantien (CAS) verantwortlich, in dem er auch als Vertreter des Generaldirektors fungierte.

Vor seinem Eintritt in die IAEA war *A. Mehta* 35 Jahre lang im diplomatischen Dienst tätig und vertrat Indien als Botschafter in verschiedenen Teilen der Welt — in Europa, im Mittleren Osten und in Afrika. Seine Verbindung zu den Vereinten Nationen und anderen internationalen Organisationen geht bis 1949 zurück, und von 1959 bis 1964 war er Ständiger Vertreter bei den Vereinten Nationen in Genf.

Von 1974—1978 war *A. Mehta* indischer Botschafter in Österreich und Ständiger Vertreter seines Landes bei den Internationalen Organisationen in Wien, wobei er sein Land bei verschiedenen Konferenzen und Gremien der Vereinten Nationen vertrat.

(IAEA-Presseinformation)

**IAEA.** Am 20. Juli 1982 wurde von der IAEA bekanntgegeben, daß sie eine Internationale Konferenz über Entsorgung plant, die vom 16. bis 20. Mai 1983 in Seattle, Washington (USA) stattfindet.

Seit den Anfängen der Kernenergiegewinnung setzt man sich intensiv mit der sicheren End- und Zwischenlagerung der radioaktiven Abfälle auseinander. Heute gibt es dafür technische Lösungen, aber in vielen Ländern stößt die Kernenergie auf Widerstand, häufig wegen der Frage der Entsorgung. Dieser Widerstand ist gewöhnlich nicht sachlich begründet, sondern hängt eher mit der Einstellung der Öffentlichkeit und politischen Tendenzen zusammen.

Eine weitere Entwicklung der Kernenergie ist unmöglich, wenn nicht die Öffentlichkeit mehr Verständnis und Zutrauen gewinnt, daß die durch den nuklearen Brennstoffzyklus anfallenden radioaktiven Abfälle sicher gelagert werden können. Insbesondere muß die Gewähr gegeben sein, daß die langfristigen Sicherheitserfordernisse entsprechend erfüllt werden und daß die Entsorgung keine Belastung für künftige Generationen nach sich zieht.

Zahlreiche Symposien und andere internationale Tagungen hat die IAEA bereits über spezifische Gebiete der Entsorgung veranstaltet. Bisher wurde aber noch keine Konferenz des geplanten Ausmaßes abgehalten, die einen Überblick über die verschiedenen technischen, legislativen, administrativen und wirtschaftlichen Aspekte der Entsorgung, ihre Verknüpfung und ihre Folgen für die Weiterentwicklung der Kernenergiegewinnung vermittelt hätte.

Deshalb und auch im Hinblick auf die einschlägige Entwicklung der letzten Jahre erscheint eine umfassende internationale Erörterung des gesamten Fragenkomplexes angezeigt. Die Konferenz soll

a) Entscheidungsbefugten und Fachleuten ein breites Forum über einen internationalen Gedanken- und Informationsaustausch über Entsorgung bieten;
b) aktuelle Fragen herausstellen und
c) auf Grund der gesammelten Erfahrungen, der bisherigen Forschungs- und Entwicklungsarbeit und grundsätzlicher Erwägungen Möglichkeiten zur Lösung dieser Fragen aufzeigen. Die Ergebnisse der Konferenz werden in Pressekommuniqués und Fachpublikationen veröffentlicht.

Auf dem Programm der Konferenz stehen folgende Themen:

- Entsorgungspolitik und ihre Verwirklichung;
- Umgang mit Abfällen und ihre Behandlung an Kernanlagen; Betriebserfahrungen, Projekte, technische Tendenzen und Erfordernisse;
- langfristige Lagerung und Endlagerung radioaktiver Abfälle: Methoden und Pläne;
- Begutachtung von Entsorgungssystemen vom Standpunkt der Umwelt und der Sicherheit: Ziele und Methoden;
- Radioaktivitätsfreisetzung durch Kernanlagen: derzeitiger Stand und künftige Aussichten;
- internationale Zusammenarbeit.

Rund 800 Fachleute aus vielen Ländern werden im Auftrag ihrer Regierungen an der Konferenz teilnehmen.

(IAEA-Presseinformation)

**Großbritannien.** In letzter Zeit sind folgende Reports der United Kingdom Atomic Energy Authority (UKAEA) erschienen:

AERE-G 2109 Materials research for advanced batteries. By *B. C. Tofield*, *J. Jensen* and *R. M. Dell*. 1981. 12 pp.

AERE-R 9185 (4th ed.) Harwell subroutine library. A catalogue of subroutines (1981). Compiled by *M. J. Hopper*. November, 1981. 75 pp.

AERE-R 9955 (Suppl. 1) Numerical solutions for a comparison problem on natural convection in an enclosed cavity. By *I. P. Jones* and *C. P. Thompson*. November, 1981. 24 pp.

AERE-R 10107 Palladium silicide — a new contact for semiconductor radiation detectors. By *D. H. J. Totterdell*. November, 1981. 26 pp.

AERE-R 10273 A computer modelling study of the relationship between urban exposure to nitrogen dioxide and motor exhaust emissions during the summer months. By *R. G. Derwent*, October, 1981. 89 pp.

AERE-R 10303 The sensitivity of the U.K.A.E.A. criticality dosemeter to slow neutrons. By *S. J. Boot*, *H. J. Delafield* and *J. A. Dennis*, September, 1981, 46 pp.

AERE-R 10304 Nuclear accident dosimetry. The calculation of *Geiger-Müller* and 2n proportional counters for sulphur and gold. By *H. J. Delafield* and *A. H. Reading*. October, 1981. 33 pp.

AERE-R 10357 Comparison of the measured and calculated neutron outputs from ZEBRA fuels. By *E. E. Lees*. December, 1981. 12 pp.

AERE-R 10371 A parameterisation of ion range/energy functions and incorporation in a computer database. By *D. J. Parker*, *J. Asher* and *S. J. Barnett*. November, 1981. 17 pp.

AERE-R 10383 The application of coherent anti-*Stokes Raman* spectroscopy (CARS) to chemical reactors. By *W. A. England* and *D. A. Greenhalgh*. November, 1981. 14 pp.

AERE-R 10390 Quantitative analysis of aerial infra-red data for heat loss surveys. By *G. A. Haigh* and *S. E. Pritchard*. November, 1981. 109 pp.

ND-R 681(S) The application of the pore population balance method to the calculation of the radiolytic weight loss and gas transport property changes of nuclear graphites. By *P. A. V. Johnson* and *P. L. Silveston*. January, 1982, 18 pp.

AERE-R 10093 A simplified treatment of the limiting conditions for selective oxidation of binary alloys. By *A. E. Hughes.* Corros. Sci. **22** (1982) pp. 103–110

AERE-R 10422 Ion beam optics of the Harwell tandem accelerator. By *P. M. Read.* December, 1981. 15 pp.

AERE-R 10391 A demonstration of on-line plant corrosion monitoring using thin layer activation. By *J. Asher, J. W. Webb, N. J. M. Wilkins* and *P. F. Lawrence.* December, 1981. 14 pp.

AERE-R 10106 Resuspension of particulate material from grass. Experimental programme 1979–1980. By *J. A. Garland.* February, 1982. 30 pp.

AERE-R 10282 Single-shot CARS spectroscopy. By *D. A. Greenhalgh* and *W. A. England.* February, 1982. 31 pp.

AERE-R 10328 Leachate quality and gas production from a domestic refuse landfill. The implications of water saturated refuse at Averley landfill. By *J. F. Rees* and *I. Viney.* February, 1982. 25 pp.

AERE-R 10386 Harwell ultrasonic flaw detection and sizing equipment with digital recording. By *P. Carter* and *T. Slesenger.* December, 1981. 23 pp.

AERE-R 10415 Protactinium pentafluoride. By *D. Brown, J. A. Berry* and *J. H. Holloway.* January, 1982. 12 pp.

AERE-R 10417 The Harwell laser interferometer. By *B. C. Moss.* January, 1982. 19 pp.

CLM-R 222 The influence of a helical field on a reverse field pinch. By *D. C. Robinson* and *T. N. Todd.* December, 1981. 36 pp.

CLM-R 211 Tokamak fusion reactor exhaust. Edited by *P. J. Harbour.* August, 1981. 194 pp.

CLM-R 217 Some initial considerations on the suitability of ferritic/martensitic stainless steels as first wall and blanket materials in fusion reactors. By *G. J. Butterworth.* 1982. 22 pp.

CLM-R 218 The effect of sputtering on beam heating in INTOR. By *D. E. F. T. Ashby* and *M. H. Hughes.* 1981. 13 pp.

**Großbritannien.** Folgende Reports der United Kingdom Atomic Energy Authority (UKAEA) sind erschienen:

AERE-M 3185 GAMANAL-A computer program for analysis of gamma ray spectra. By *J. A. B. Goodall.* January, 1982. 43 pp.

AERE-R 10264 Uffington Lysimeters-Operation and results (Part 3). By *D. J. V. Campbell, A. Parker, J. F. Rees, J. W. King, S. J. Wright* and *C. A. M. Ross.* July, 1981. 19 pp.

AERE-R 10265 Uffington Lysimeters-Operation and results (Part 4). By *J. F. Rees, A. Parker, C. A. M. Ross, J. W. King* and *D. J. V. Campbell.* July, 1981. 31 pp.

AERE-R 10366 Problems arising from the redevelopment of gas works and similar sites. By *D. C. Wilson* and *C. Stevens.* November, 1981. 280 pp.

AERE-R 10385 SABRE: A computer based system for the assessment of body radioactivity by photon spectrometry (Part 4). By *J. B. Venn.* February, 1982. 58 pp.

AERE-R 10409 Evaluation of a computer aided X-ray fluorographic system: Part 1. System Analysis. By *S. F. Burch* and *S. J. Cocking.* February, 1982. 42 pp.

AERE-R 10410 Evaluation of a computer aided X-ray fluorographic system. Part 2. Image processing. By *S. F. Burch* and *S. J. Cocking.* December, 1981. 9 pp.

AERE-R 10448 Recommendations for the modelling of heat conductances across the fuel cladding interface of fast reactor fuel pins. By *D. G. Martin.* February, 1982. 32 pp.

AERE-R 10463 Density measurements of zirconium vapour by resonant absorption of laser light. By *S. E. Pritchard.* March, 1982. 10 pp.

**OECD/NEA.** Die Trockenlagerung von bestrahlten Brennelementen bietet gegenüber der nassen Lagerung eine Reihe von Vorteilen. Am bedeutsamsten ist, daß ein Kühlmittelverlust nicht eintreten kann und daß der Anfall von sekundärem radioaktivem Abfall deutlich verringert wird. Anläßlich einer von der Kernenergie-Agentur (NEA) der OECD zusammen mit der spanischen Kernenergie-Kommission (JEN) im Mai 1982 in Madrid veranstalteten Fachtagung wurde umfassend über Lagerexperimente und Auslegungskonzepte für Leichtwasserreaktor-Brennstoffe sowie über langjährige Erfahrungen mit der trockenen Lagerung von Brennelementen aus gasgekühlten Reaktoren berichtet. Es wurde festgestellt, daß die bisher schon vorliegenden Ergebnisse ausreichend seien, um unzulässige Schädigungen der Brennelement-Hüllrohre oder andere Schäden an den Brennelementen ausschließen zu können. Die industrielle Anwendung der Trockenlagerung hat begonnen, und es wird damit gerechnet, daß diese Art der Lagerung in Zukunft rasch Verbreitung finden wird.

(SVA-Bulletin)

**IAEA.** Auch das Jahr 1981 war in der Kernenergiegewinnung durch nur langsame Fortschritte gekennzeichnet, zurückzuführen auf die Wirtschaftsflaute, den sinkenden Strombedarf und Schwierigkeiten bei der Finanzierung und der Erteilung von Bau- und Betriebsgenehmigungen. Die im Jahresbericht 1981 der IAEA veröffentlichten Statistiken zeigen aber, daß die installierte nukleare Gesamtkapazität weltweit um 13% angestiegen ist.

Ende 1981 standen in 23 Ländern 272 Leistungsreaktoren mit einer Gesamtkapazität von 152603 MW(e) in Betrieb, davon 72477 MW(e) seit mehr als fünf Jahren. Aber nur vier Entwicklungsländer betrieben sieben Kernkraftwerke mit einer Gesamtkapazität von 2465 MW(e). Die installierte nukleare Kapazität repräsentiert gegenwärtig 7% der Stromerzeugungskapazität der Welt, auf die rund 9% der Weltelektrizitätsproduktion entfallen.

In den nächsten Jahren, sobald die 236 Leistungsreaktoren, die derzeit im Bau sind, in Betrieb genommen werden, ist mit einem raschen Anstieg der nuklearen Kapazität und einer Erweiterung der Betriebserfahrungen zu rechnen. Im Jahre 1985 werden schätzungsweise 17% der auf der Welt erzeugten Elektrizität aus Kernkraftwerken stammen.

Auf Grund eingehender wirtschaftlicher Studien gelangt die IAEA zu dem Schluß, daß die Stromerzeugungskosten bei Kernkraftwerken weiterhin wesentlich niedriger sein werden als bei Anlagen mit Ölfeuerung, und daß sie, außer an Standorten mit billiger Kohleversorgung, auch gegenüber Kohlekraftwerken konkurrenzfähig bleiben werden.

Da bereits auf breiter Grundlage ein ansehnlicher Bestand an Betriebserfahrungen gesammelt wurde, hat die IAEA ein automatisiertes Dokumentationssystem für Leistungsreaktoren geschaffen. Es umfaßt gegenwärtig Daten über rund 8000 Ausfälle von Kernkraftwerken, die bei der Betriebsplanung neuer Anlagen verwertet werden können. Dieses System bildete auch eine Basis verläßlicher Unterlagen für die Internationale Konferenz über Erfahrungen mit der Kernenergiegewinnung, die die IAEA im September 1982 in Wien veranstaltete.

Im erweiterten Sicherheitsprogramm der IAEA sind insbesondere die bedeutenden Fortschritte hervorzuheben, die bei der Erstellung von Richtlinien und Anleitungen im Rahmen des Programms nuklearer Sicherheitsnormen (NUSS) und bei der Revision der Grundnormen für den Strahlenschutz erzielt wurden. Gemeinsam mit ihren Mitgliedstaaten hat die Organisation ihre Arbeiten über Erstellung von Alarmplänen und über internationale Zusammenarbeit bei der Weitergabe und beim Austausch von Informationen über Betriebsstörungen und über Forschungen auf dem Gebiet der Betriebssicherheit fortgesetzt.

Im Zuge eines 1978 angelaufenen Rahmenprogramms wurden weitere Publikationen der Schriftenreihen Strahlenschutz und Fachberichte ausgearbeitet, die Anleitungen und Aufschlüsse zu Fragen der unterirdischen Endlagerung radioaktiver Abfälle geben; dabei wurde insbesondere auf die Endlagerung in geringer Tiefe und in Gesteinshohlräumen eingegangen. Von den zwanzig Publikationen, die in der ersten Phase des Programms (bis 1984) herauskommen sollen, wurden sieben veröffentlicht oder für die Veröffentlichung vorbereitet. Drei Publikationen der Schriftenreihe Strahlenschutz (über grundlegende Richtlinien, Endlagerung in geringer Tiefe und Sicherheitsgutachten) wurden ebenfalls herausgebracht.

Die Überwachungstätigkeit der IAEA wurde 1981 weiter ausgebaut, da weitere Kernanlagen und -materialien der Sicherheitskontrolle unterstellt wurden. Die Anzahl der kontrollierten Kernanlagen stieg um 9% auf 844 an. Von den der IAEA bekannten Kernanlagen außerhalb der Kernwaffenstaaten unterstanden Ende 1981 98% der Sicherheitskontrolle; ebenso wie auch einige Anlagen in Kernwaffenstaaten. Außer den Kernwaffenstaaten gab es noch weitere vier Staaten, wo nur einige Anlagen überwacht wurden; bestimmte im Bau befindliche oder bereits in Betrieb stehende Anlagen, die imstande sind, für die Waffenerzeugung geeignetes Material herzustellen, befanden sich aber nicht darunter.

Wie in früheren Jahren hat das Sekretariat der IAEA bei seiner Kontrolltätigkeit keine Unregelmäßigkeiten festgestellt, die darauf hinweisen, daß größere Mengen überwachten Kernmaterials abgezweigt oder die auf Grund von Abkommen kontrollierten Anlagen und Geräte für die Herstellung von Kernwaffen, oder anderen Kernsprengsätzen, bzw. für militärische oder andere unbekannte Zwecke mißbraucht worden wären.

Das System von Maßnahmen gegen die Verbreitung von Kernwaffen wurde 1981 durch den Beitritt Ägyptens zum Atomsperrvertrag weiter verstärkt. Auch Antigua und Barbuda sind beigetreten, so daß der Atomsperrvertrag gegenwärtig 117 Vertragsparteien, einschließlich Kernwaffenstaaten, hat.

Die Mittel der IAEA für technische Zusammenarbeit stiegen 1981 auf insgesamt $ 24,3 Millionen an, das ist gegenüber 1980 ein Zuwachs von 15%. Die Hilfeleistungen nahmen um 11,3% zu und erreichten nahezu $ 21 Millionen, womit erstmals die Summe von $ 20 Millionen überschritten wurde.

Gemeinsam mit der IAEA waren Ende 1981 13 Mitgliedstaaten in Asien und im Pazifischen Raum an dem Abkommen über regionale Zusammenarbeit in der kernwissenschaftlichen und -technischen Forschung, Entwicklung und Ausbildung beteiligt. Im Rahmen dieses Abkommens werden vor allem Projekte über Anwendung nuklearer Verfahren in der Industrie, Nahrungsmittelbestrahlung, Instandhaltung kerntechnischer Geräte und Verwendung von Isotopen in der Hydrologie gefördert.

Im Zuge des gemeinsamen Programms der FAO und der IAEA wurden die Entwicklungsländer unter den Mitgliedern bei der Lösung wirtschaftlich bedeutender landwirtschaftlicher Probleme durch Anwendung von Isotopen- und Strahlenverfahren unterstützt. 86 Projekte technischer Zusammenarbeit in 46 Entwicklungsländern wurden während des Jahres gefördert.

Das Laboratorium der IAEA in Seibersdorf führte 1981 vier vergleichende Untersuchungen für die Bestimmung von Spurenelementen und Radionukliden durch; Institute in 38 Mitgliedstaaten waren daran beteiligt. Rund 600 Eichproben wurden Instituten in 50 Mitgliedstaaten zur Verfügung gestellt, wodurch sich das Verhältnis zwischen garantierten und nicht garantierten Eichmaterialien verbesserte.

Vier Staaten (Kuba, die Libysche Arabische Dschamahirija, die Syrische Arabische Republik und Paraguay) und eine internationale Organisation (das Internationale Institut für Angewandte Systemanalyse) traten 1981 dem Internationalen Kernwissenschaftlichen Dokumentationssystem (INIS) bei, womit sich die Zahl der aktiven Mitglieder auf achtzig erhöhte. Die Datenbank wurde während des Jahres um 70000 Titel erweitert. 1981 erfaßte INIS bibliographische Daten für mehr als 640000 Titel, und der Bestand an Publikationen, die nicht im Handel erhältlich sind und auf Mikrofiche verkauft werden (Fachberichte, Dissertationen usw.) belief sich auf nahezu 160000 Titel.

Exemplare des Jahresberichtes sind bei der Presse- und Informationsabteilung unter der Adresse:

Internationale Atomenergie-Organisation, A-1400 Wien — Österreich, Wagramerstraße 5, Postfach 100

erhältlich.

(IAEA-Presseinformation)

**DDR.** Der Leipziger Kommissions- und Großbuchhandel (LKG) teilt mit, daß ein neuer Literaturkatalog — Fremdsprachige Literatur — erschienen ist (Redaktionsschluß: 17. 3. 1982). Der neue Literaturkatalog hat einen Umfang von 80 Seiten und enthält die wissenschaftliche Literatur aus Ungarn, aus der ČSSR und aus Polen. Dieser Katalog ist in Buchhandlungen kostenlos erhältlich oder kann vom LKG, 7010 Leipzig, Leninstraße 16, PSF 520, direkt erhalten werden.

**Schweiz.** Gemäß einer Mitteilung des Bundesamtes für Energiewirtschaft betrug der Energie-Endverbrauch im Jahre 1981 rund 677 TJ. Er lag um 1% unter dem für 1980 registrierten Wert. Dieser Rückgang ist das Resultat einer spürbaren Verbrauchsabnahme an flüssigen Brennstoffen und einer etwas abgeschwächten Verbrauchszunahme bei den meisten übrigen Energieträgern:

- Der Endverbrauch an Erdölprodukten hat insgesamt um 4,5% abgenommen. Sein Anteil am gesamten Endverbrauch konnte damit erneut gesenkt werden, ist aber nach wie vor zu hoch. Er betrug 68,8% gegenüber 71,4% im Jahre 1980 (1979: 73,0%, 1978: 75,0%). Der Endverbrauch von Heizöl extra-leicht (−5,9%), Heizöl mittel (−12,9%), Heizöl schwer (−22,7%), Normalbenzin (−4,9%) und Flugpetrol (−5,6%) hat abgenommen. Zugenommen hat er nur bei Superbenzin (+5,6%) und Dieselöl (+0,5%).
- Der Endverbrauch von Elektrizität nahm, wie das Bundesamt für Energiewirtschaft bereits früher mitgeteilt hat, etwas weniger stark zu als im Vorjahr: +2,7% (1980: +4,4%). Sein Anteil am gesamten Endverbrauch betrug 19,2%.
- Eine abgeschwächte Verbrauchszunahme verzeichnete auch das Gas mit 9,9% (1980: +19,4%). Sein Anteil erreichte damit 5,5%.
- Der Verbrauch von Kohle wuchs um 47,5% und derjenige von Brennholz um 9,1%. Deren Anteile betrugen somit 3,0% bzw. 1,6%.
- In der erfaßten Fernwärmeversorgung wurde eine Verbrauchszunahme um 5,1% registriert. Der Anteil der Fernwärme am gesamten Endverbrauch betrug 1,2%. Um Doppelzählungen zu vermeiden, wurden die zur Erzeugung der Fernwärme verbrauchten Mengen an Müll, Gas, Heizöl und Kohle vom Endverbrauch dieser Energieträger abgezogen.

Ein Vergleich der letztjährigen Verbrauchsabnahme mit der Entwicklung des Endverbrauchs in den drei vorangegangenen Jahren (1978: +5,5%, 1979: −2,0%, 1980: +3,5%) läßt keine Trendaussagen zu. Verbrauchsmindernd dürften sich 1981 vor allem die etwas abgeschwächte Wirtschaftsentwicklung, mildere Wetterverhältnisse und vermehrte Sparanstrengungen ausgewirkt haben. Der erneute Anstieg des zu beheizenden Raumvolumens wurde dadurch weit mehr als kompensiert.

(SVA-Bulletin)

**Schweiz.** Die reflexionsseismischen Messungen, welche von der Schweizerischen Geophysikalischen Kommission (SGKP) in Zusammenarbeit mit der Nationalen Genossenschaft für die Lagerung radioaktiver Abfälle (Nagra) in den Kantonen Zürich und Aargau sowie im angrenzenden süddeutschen Raum durchgeführt wurden, konnten termingerecht abgeschlossen werden. Von der französischen Spezialfirma Compagnie générale de géophysique wurden dabei innerhalb von vier Monaten rund 200 Kilometer Profillinien vermessen. Von diesen Messungen erwartet man bessere Kenntnisse über das Grundgebirge aus Granit und Gneis bis in etwa 2000 Meter Tiefe und die darüber liegenden Gesteinsschichten. Die Ergebnisse der regionalen geophysikalischen Untersuchungen werden zusammen mit den ersten Nagra-Bohrungen wissenschaftliche Grundlagen zur Beurteilung der Machbarkeit eines allfälligen Endlagers für radioaktive Abfälle unter der Nordschweiz liefern.

Wie die Arbeitsgemeinschaft SGPK/Nagra in einer Pressemitteilung betont, haben sämtliche Gemeinden sowie die über 1000 Grundbesitzer, deren Land berührt wurde, der Durchführung der Messungen zugestimmt. Die Bevölkerung sei vorinformiert worden. Bei den in der Presse gemeldeten Sachbeschädigungen, welche zu Verhaftungen und Strafverfahren sowie zu einer vorübergehenden Bewachung der Meßinstrumente geführt hätten, habe es sich um Einzelfälle gehandelt. Die Untersuchungen seien dadurch nicht beeinträchtigt worden. Die Arbeitsgemeinschaft äußert sich zuversichtlich, daß bei künftigen Seismikkampagnen wieder wie üblich ohne Sicherheitsvorkehrungen gearbeitet werden könne.

Die Resultate der nun abgeschlossenen Messungen, bei denen modernste Methoden eingesetzt wurden, sollen nach ihrer Auswertung von der Schweizerischen Geophysikalischen Kommission veröffentlicht werden.

(SVA-Bulletin)

**Frankreich.** Wie die Electricité de France mitteilt, wurden im April dieses Jahres in Frankreich 22 Mia kWh Elektrizität erzeugt, was gegen zwei Drittel des schweizerischen Stromkonsums 1981 entspricht. Von diesen 22 Mia kWh produzierten die Kernkraftwerke 9,498 Mia kWh oder 43,2%. Noch nie wurde in irgendeinem Land der Welt während eines Monats ein so hoher Nuklearstromanteil erreicht.

Hinter den Kernkraftwerken lagen im April in Frankreich die konventionellen thermischen Kraftwerke (Kohle, Öl, Erdgas) mit 35% an zweiter Stelle, während die Wasserkraftwerke mit 21,8% Rang drei einnahmen. In den ersten vier Monaten 1982 lag der Stromkonsum Frankreichs bei 95,7 Mia kWh, was gegenüber dem Vorjahr einer Erhöhung um 4,8% entspricht.

(SVA-Bulletin)

**Frankreich.** Gemäß dem Jahresbericht 1981 der Direction de la Production Thermique der Electricité de France (EDF) betrugen die durchschnittlichen Stromerzeugungskosten der thermischen Kraftwerke Frankreichs 21,08 Centimes pro KWh. Eine Zusammenstellung zeigt, daß in Frankreich der Strom aus Kraftwerken mit Druckwasserreaktoren (PWR) billiger ist als der Strom aus Kernkraftwerken mit Gas-Graphit-Reaktoren, aus Kohlekraftwerken und aus Ölkraftwerken. PWR-Kraftwerke der 900 MW-Klasse lieferten Strom zum Preis von 13,75 ct/kWh (Brennstoffanteil 5,35 ct/kWh), KKW mit anderen Reaktortypen zu 20,64 ct/kWh (Brennstoff 8,30 ct/kWh), was zum französischen Durchschnitts-Atomstrompreis von 14,84 ct/kWh führt, wovon 5,60 ct/kWh auf den Brennstoff entfallen. Kohlekraftwerke produzierten für durchschnittlich 21,40 ct/kWh bei einem Brennstoffanteil von 13,40 ct/kWh, und der Strom aus Ölkraftwerken kostete im Mittel sogar 33,75 ct/kWh, wovon 25,40 auf das Konto Brennstoff gehen. Das ergab einen durchschnittlichen Strompreis der fossil befeuerten Kraftwerke von 28,23 ct/kWh (Brennstoffanteil 18,87 ct/kWh).

(SVA-Bulletin)

**Frankreich.** Anläßlich der Pressekonferenz zur Erläuterung des Jahresabschlusses 1981 der Electricité de France (EDF) am 27. April 1982 konnte Generaldirektor *Jean Guilhamon* über die Erfolge seines Unternehmens bei dem Bemühen berichten, von der Einfuhr fossiler Brennstoffe für die Stromerzeugung unabhängig zu werden. Noch im Jahre 1973 wurde 40% des elektrischen Stromes mit importiertem Erdöl erzeugt und nur 10% aus Kernenergie. Trotz eines Anstieges der Netto-Erzeugung um mehr als 50% hat sich dieses Zahlenverhältnis inzwischen umgekehrt. Im Jahre 1981 entfielen nur noch 11% des Primärenergieeinsatzes auf Erdöl und 14% auf importierte Steinkohle. Die Kernenergie als weitgehend „einheimisch“ betrachtend, kann die EDF für das Jahr 1981 darauf verweisen, daß drei

Viertel der Stromerzeugung aus nationalen Energieträgern stammte. Von der gesamten Stromerzeugung in Höhe von 264 Mia kWh entfiel auf die 30 in Betrieb befindlichen Kernkraftwerke (davon 21 mit Druckwasserreaktoren) ein Anteil von gegen 40%. Eine bedeutende Rolle spielten auch die Wasserkraftwerke, die 27% der Stromerzeugung bestritten. Der vermehrte Einsatz der Kernenergie hat allein im Vergleich zu 1980 eine Reduzierung der Erdöleinfuhren um 10 Mio Tonnen gebracht und damit Einsparungen bei den Brennstoffkosten von mehr als 6 Mia französischen Francs ermöglicht.

(SVA-Bulletin)

**USA.** Der amerikanische Versuchsreaktor FFTF (Fast Flux Test Facility) im Hanford Engineering Development Laboratory begann am 16. April 1982 seinen ersten regulären Betriebszyklus. Wie die Betreiberin der Anlage, die Westinghouse Hanford Company, angibt, sind für diesen 90-Tage-Zyklus die Vorrichtungen für 59 Experimente im Reaktor eingebaut. Der natriumgekühlte Schnelle Brutreaktor weist eine thermische Leistung von 400 MW auf und ist für Tests an Brennstoffen, Werkstoffen und Komponenten im Hinblick auf den Bau künftiger Schnellbrüter ausgelegt. Das Verhalten des FFTF-Reaktors unter den verschiedensten Betriebsbedingungen ist vor der jetzt eröffneten Phase des regulären Versuchsbetriebs ausgiebig getestet worden. Er wurde im Februar 1980 erstmals kritisch und erreichte im Dezember 1980 seine volle Leistung. Die Kühlung des Reaktors mittels natürlicher Zirkulation, also ohne Kühlmittelpumpen, wurde im März 1981 demonstriert.

(SVA-Bulletin)

**USA.** Im Rahmen der Erkundung des Zustandes des Druckwasserreaktorkerns des havarierten amerikanischen Kernkraftwerks Three-Mile-Island-2 konnte am 23. Juni 1982 ein erster von sieben Kontrollstäben, die nicht zum Reaktorschutzsystem gehören und daher bei der Schnellabschaltung zu Beginn des Störfalls vom 28. März 1979 nicht automatisch in den Reaktor eingefahren wurden, bis auf einige Zentimeter voll in den Kern eingeschoben werden.

(SVA-Bulletin)

**USA.** Am 19. Mai 1982 wurde im havarierten amerikanischen Druckwasserreaktorblock Three-Mile-Island-2 (TMI-2) mit der Reinigung der rund 400 m³ stark radioaktiven Wassers begonnen, das seit dem technisch schwerwiegenden Störfall vom 28. März 1979 im Reaktorkühlkreislauf verblieben war. Wie schon die rund 2300 m³ stark radioaktives Containment-Wasser, dessen Reinigung abgeschlossen wurde, kann auch das Reaktor-Kühlwasser mit dem „Submerged Demineralizer System" (SDS) von radioaktiven Stoffen befreit werden. Schätzungsweise 15000 Ci Caesium, Strontium und andere radioaktive Stoffe werden bei der Reinigungskampagne, die rund 4 Monate dauern soll, dem Wasser entzogen.

Dem Reaktorkreislauf wird einerseits kontaminiertes Wasser zur Reinigung entnommen und andererseits zum Ausgleich bereits dekontaminiertes Wasser zugeführt. So wird sichergestellt, daß der beschädigte Reaktorkern dauernd mit Kühlwasser bedeckt ist. Dieses „zur Ader lassen und speisen" wird in Schüben von rund 200 m³ vorgenommen. Der erste 200-m³-Schub wird der am stärksten radioaktive sein und rund 45% der im System vorhandenen Radioaktivität enthalten. Jeder der nachfolgenden Schübe wird, dank der Verdünnung mit gereinigtem Wasser, weniger stark radioaktiv sein.

Die Betreiberin der Anlage, die GPU Nuclear, schätzt, daß das gesamte Kühlwasser in sieben Schüben gereinigt werden kann. Somit werden rund 1300 m³ Wasser im SDS behandelt werden. Um Wasser zu sparen, wurde als erster 200-m³-Schub bereits früher gereinigtes Wasser aus dem Borwasser-Speichertank in den Primärkreislauf eingespeist. In der Tat wird bei der ganzen Operation nur sehr wenig neues, sauberes Wasser kontaminiert. Es handelt sich um rund 20 m³ Frischwasser, das bei Beginn der Aktion zur Anpassung der Wasserchemie des Speisewassers aus dem Borwassertank diente.

Am 21. Mai 1982 verließ ein erster Lastwagentransport von radioaktiven Rückständen aus dem SDS-System, hauptsächlich Cäsium, Strontium und deren Zerfallsprodukte mit einer Aktivität von rund 13000 Ci, das Gelände von TMI. In einem speziellen Sicherheits-Transportbehälter wurde das Material im Rahmen eines Forschungs- und Entwicklungsprojekts des Department of Energy (DOE) zum Pacific Northwest Laboratory in Richland (Washington) geführt. Dort sollen die Rückstände untersucht und später verglast werden.

(SVA-Bulletin)

**USA.** Nach einer Aufstellung des Atomic Industrial Forum (AIF) stellte sich das US-Kernkraftwerksprogramm am 19. Juni 1982 wie folgt dar:

| | |
|---|---|
| 80 Blöcke mit Betriebsbewilligung | 61499 MW |
| 70 Blöcke mit Baubewilligung | 77640 MW |
| 9 bestellte Blöcke | 10156 MW |
| 159 Blöcke total | 149295 MW |

Die 80 Betriebsbewilligungen erstrecken sich auf 72 für den kommerziellen Betrieb freigegebene Einheiten (55092 MW), auf eine Anlage mit Volleistungs-Probebetriebsbewilligung (Sequoyah-2, 1148 MW), auf zwei Blöcke mit Bewilligung zum Probebetrieb mit kleiner Leistung (San-Onofre-2, 1100 MW; LaSalle-1, 1078 MW), auf einen Block mit sistierter Bewilligung zum Probebetrieb mit kleiner Leistung (Diablo-Canyon-1, 1084 MW) sowie auf vier für unbestimmte Zeit außer Betrieb gesetzte Anlagen (Humboldt Bay, 65 MW; Dresden-1, 207 MW; Three-Mile-Island-1 und -2, 871 bzw. 956 MW).

(SVA-Bulletin)

**Indien.** Die Arbeiten für den Bau des fünften indischen Kernkraftwerks haben kürzlich begonnen. Die Anlage wird bei Kakrapar im Bundesstaat Gujurat errichtet. Sie wird im Endausbau vier Candu-Blöcke von 235 MW Leistung umfassen. Vorläufig wird an den ersten beiden Einheiten gearbeitet, die in neun bzw. zehn Jahren in Betrieb gehen sollen. Indien betreibt bereits zwei Kernkraftwerke mit je zwei Blöcken, während zwei weitere Zwillingsanlagen im Bau stehen.

(SVA-Bulletin)

**Pakistan.** Die Regierung in Islamabad hat bekanntgegeben, daß das zweite Kernkraftwerk Pakistans, das in Chashma, 250 km südlich der Hauptstadt, errichtet werden soll, eine Leistung von 937 Megawatt haben wird. Bei dem seit langem geplanten Projekt war ursprünglich von einer Leistung von 600 Megawatt ausgegangen worden. Gegenwärtig werden die Anfrageunterlagen mit Hilfe der spanischen Ingenieurfirma SENER erarbeitet. Die Ausschreibung für das auf $ 1,6 Mia geschätzte Projekt muß in Kürze erfolgen, wenn das Kernkraftwerk wie geplant im Jahre 1988 in Betrieb gehen soll.

In Pakistan ist seit 1972 ein Kernkraftwerk des kanadischen Candu-Typs in Betrieb. Nun möchte die Regierung bei dem zweiten Kernkraftwerk für das nukleare Dampferzeugersystem einen Leichtwasserreaktor einsetzen. Bei der Auswahl des Lieferanten wird daher die Sicherheit der Versorgung mit angereichertem Uran eine wichtige Rolle spielen. (SVA-Bulletin)

# Buchbesprechungen

### Hochenergiephysik

*E. Lohrmann. 2., neubearb. u. erw. Auflage; Stuttgart: B. G. Teubner 1981 .248 S., 98 Abb., 25 Tab.: kart. DM 28,80*

In diesem Taschenbuch gibt der Autor eine Einführung in wesentliche Aspekte der heutigen modernen Hochenergiephysik als der Physik der Elementarteilchen. Am Anfang des Buches werden Beschleuniger und Speicherringe als die wichtigsten experimentellen Arbeitsinstrumente der Hochenergiephysiker vorgestellt. Es folgen die Teilchen, Erhaltungssätze und Symmetrien der Elementarteilchenphysik. Die elektromagnetische Wechselwirkung enthält speziell einfachste Reaktionen von Photonen und Leptonen basierend auf der Quantenelektrodynamik. Im Kapitel über die starke Wechselwirkung werden u. a. folgende Probleme diskutiert: der Partialwellenformalismus, eine Einführung in das Quark-Modell, die Streuung von Leptonen an Hadronen, speziell das Parton-Modell, und die Phänomenologie der hadronischen Hochenergieprozesse. Im abschließenden Abschnitt erfolgt die Behandlung der schwachen Wechselwirkung: Basierend auf dem Strom-Strom-Ansatz werden grundlegende Eigenschaften wie Cabibbo-Theorie, GIM-Mechanismus und Nichterhaltung der Parität abgehandelt, rein leptonische, semileptonische und rein hadronische schwache Zerfälle diskutiert sowie die schwache Wechselwirkung der $K^\circ$-Mesonen und die Neutrino-Physik besprochen.

In dieser 2., erweiterten Auflage werden die entscheidenden Experimente der Hochenergiephysik im zurückliegenden Jahrzehnt wie die Entdeckung von Charmonium- und Bottomonium-Zuständen in der Elektron-Positron-Annihilation sowie die Experimente zur tiefinelastischen Lepton-Hadron-Streuung behandelt. Die ausführlich diskutierten Eigenschaften des Quark-Parton-Modells lassen den Schritt zur Quantenchromodynamik als zu der heute weithin akzeptierten möglichen Theorie der starken Wechselwirkung verständlich erscheinen.

Zweifellos würde eine elementare Einführung in die Grundlagen der Eichfeldtheorie den Wert dieses Taschenbuches weiter erhöhen. Ohne die Kenntnis dieser Theorien sind heute weder die Quantenchromodynamik, noch die vereinigte Theorie der elektroschwachen Wechselwirkungen insbesondere das populäre *Weinberg-Salam-Modell*, oder neuere theoretische Entwicklungen wie große einheitliche Theorien, Technicolour-Modelle und supersymmetrische Theorien zu verstehen.

Zusammenfassend läßt sich feststellen, daß es dem Autor mit diesem Buch gelungen ist, dem Studenten und dem Physiker anderer Fachbereiche einen sehr guten ersten Eindruck von dem gesicherten Wissensstand und offenen Fragen in der heutigen Hochenergiephysik zu vermitteln. Man kann daher dem Buch einen recht breiten Leserkreis wünschen.

*A. Schiller*

### Neutronenaktivierungsanalyse geochemischer Assoziationen von Spurenelementen

*Moskau: Energoisdat 1981. 112 S., 44 Abb., 21 Tab. (in Russisch); karton. M 2,50*

Die Neutronenaktivierungsanalyse ist eines der leistungsfähigsten modernen Spurenanalyseverfahren. Zu ihren Hauptanwendungsgebieten gehört die Spurengehaltsbestimmung in der Geochemie. In ihrer instrumentellen Variante gestattet sie die parallele Bestimmung von bis zu mehr als 30 Elementen je nach Art der geologischen Probe.

Der speziellen Fragestellung nach Kombinationen (Assoziationen) bestimmter Spurenelemente in der Geochemie geht der Autor nach, wobei er vor allem von eigenen aktivierungsanalytischen Ergebnissen aus den Jahren 1972–1978 ausgehen kann. Er zeigt die Leistungsfähigkeit der Neutronenaktivierungsanalyse zur Untersuchung von Spurenelementkonzentrationen und demonstriert die Lösung einiger typischer Aufgaben mit der Methodik der Elementassoziationen.

Im ersten Kapitel werden grundlegende Fragen der Elementassoziationen in der Geochemie und im speziellen ihr Zusammenhang zur geochemischen Rayonierung, zu Lagerstättentypen usw. behandelt.

Die methodischen Fragen zur instrumentellen Aktivierungsanalyse in Kapitel 2 beschränken sich auf einige wenige ausgewählte Aspekte wie die optimale Detektorauswahl, die Peakflächenberechnung, die Auswahl von Standards und die Komparatormethode sowie die repräsentative Probeneinwaage. Obwohl gute Zusammenfassungen der speziellen Gebiete, bringen diese Abschnitte dem aktivierungsanalytisch tätigen Anwender wenig Neues, sind aber auch andererseits von Thematik und Umfang her nicht ausreichend, Anfängern die Gesamtmethodik zu erschließen.

Etwa zwei Drittel des Umfangs sind dem Hauptkapitel, der Beschreibung der wichtigsten geochemischen Spurenelementassoziationen, gewidmet. Dabei wird über die an vielen Beispielen dargestellte geochemische Problematik hinaus auch jeweils auf spezielle Aspekte der aktivierungsanalytischen Bestimmung der betreffenden Elemente eingegangen, so daß auch der Analytiker sicher nützliche Hinweise entnehmen kann. Im einzelnen werden die Elementpaare Co-Ni, Rb-Cs, U-Th, die Gruppen Mo-W-Re, Zr-Hf-Ta, die seltenen Erden und die Platinmetalle sowie Assoziationen mit Au und Hg behandelt.

Insgesamt kann die Broschüre sowohl dem Geowissenschaftler als auch dem Analytiker empfohlen werden, wobei über die Geochemie der Spurenelementassoziationen hinaus ersterem Leistungsfähigkeit und Grenzen der Aktivierungsanalyse demonstriert und letzterem Anregungen zur Interpretation seiner Ergebnisse gegeben werden.

Im Literaturverzeichnis ist der Anteil nichtsowjetischer Arbeiten relativ gering; es bietet aber, was wohl wichtiger ist, einen guten Zugang zur sowjetischen Literatur dieses Gebietes.

*M. Geisler*

**Kernspuren in Festkörpern. Teil 2 u. 3**

*R. L. Fleischer u. a. Moskva: Energoisdat 1981. 263 bzw. 151 S., 94 bzw. 57 Abb., 23 bzw. 11 Tab.; Broschur M 15,50 bzw. M 9,–*

Dieses in drei Teilen erschienene Buch ist eine von *Ju. A. Šukoljukov* bearbeitete Übersetzung des Buches „Nuclear tracks in solids" (The Regents of the University of California 1975) aus dem Englischen.

Teil 2 und Teil 3 dieses Buches geben einen umfassenden Überblick über die Nutzung von Kern- und Teilchenspuren in natürlichen und künstlichen Feststoffen. So ist der zweite Teil der Beschreibung der fission-track Methode zur Altersbestimmung von Mineralen sowie dem qualitativen und quantitativen Nachweis kosmischer Strahlung gewidmet. Der dritte Teil beinhaltet die Anwendung von Festkörperspurdetekoren in der kernphysikalischen Forschung, zur quantitativen Bestimmung der Verteilung natürlich radioaktiver Elemente, zur Dosimetrie sowie auf verschiedenen Gebieten von Wissenschaft und Technik.Den einzelnen Kapiteln ist zumeist eine ausführliche Beschreibung des Phänomens vorangestellt, das mittels Festkörperspurdetektoren untersucht worden ist.

Die heutige Anwendungsbreite dieser Detektoren bringt es mit sich, daß die einzelnen Kapitel eigentlich selbständige Wissenschaftsgebiete darstellen. Somit wird es wohl selten einen Interessenten dieses Buches geben, den gleichermaßen alle Kapitel interessieren. Da das Gebiet der Anwendung fester Körper als Detektoren geladener Teilchen noch immer eine starke Entwicklung erfährt, erscheint es zweifelhaft; ob eine Übersetzung sechs Jahre nach Erscheinen des Buches in der Originalsprache noch zweckmäßig ist. Der Wert der vorliegenden Übersetzung besteht vor allem darin, dem Interessierten einen komprimierten und umfassenden Überblick über das gesamte Anwendungsgebiet der Festkörperspurdetektoren für geladene Teilchen zu geben.

*H. Gerstenberger*

**Physico-Chemical Behaviour of Atmospheric Pollutants Proceedings of the Second European Symposium held in Varese, Italy, 29 September—1 October 1981**

*B. Versino, H. Ott (Hrsg.). Dordrecht, Holland — Boston, USA — London, England: D. Reidel Publishing Company 1982; 672 S., 316 Abb., 114 Tab.; geb. US $ 78,00; Dfl. 180,00*

Die Proceedings des 2. Europäischen Symposiums „Physikalisch-chemisches Verhalten atmosphärischer Verunreinigungen" geben einen Überblick über die wichtigsten Ergebnisse von Arbeiten der Jahre 1980/81, die im Rahmen des Projekts „COST 61 a bis" des Forschungsprogrammes der EG im Umweltschutz von den Staaten dieser Organisation in Zusammenarbeit mit Österreich, der Schweiz, Schweden und der SFRJ durchgeführt wurden. Gemäß den Arbeitsgruppen dieses Projekts ist der Sammelband in die Abschnitte I. Identifizierung und Analyse von Verunreinigungen, II. Chemische und photochemische Reaktionen, III. Aerosole, IV. Zyklen von Verunreinigungen, V. Transport und Modellierung — Feldexperimente gegliedert.

In Abschnitt I werden in 13 Originalarbeiten speziell modifizierte, verbesserte sowie neu entwickelte Geräte und Methoden zur Identifizierung und Analyse von Gasen (ppb-, ppt-Bereich), Spezies (z.B. OH-Radikal) und Aerosolen anhand ausgewählter Meßaufgaben dargestellt. Wegen der großen Komplexität der in der Atmosphäre ablaufenden physikalisch-chemischen Vorgänge wird dabei eine Vielfalt unterschiedlichster Methoden behandelt (u. a. Langweglaserabsorption, *Raman*streuung mit Laser, Atomabsorptionsspektroskopie, Gaschromatographie ohne und mit Massenspektrometerkopplung). Ergänzt werden diese Arbeiten durch analytische Beiträge der anderen Abschnitte, so daß der in der Umweltforschung und -kontrolle tätige Analytiker wertvolle Anregungen für eigene Arbeiten erhält.

Im II. Abschnitt werden in 14 Originalarbeiten ausgewählte chemische und photochemische Reaktionen von Verunreinigungen in der Atmosphäre untersucht. Besondere Beachtung fanden die Bildung von OH-Radikalen, $O_3$ und PNA ($HO_2NO_2$) und deren Reaktionen miteinander sowie mit verschiedenartigen organischen Verbindungen (u. a. Monokarbonsäuren, Halogenkohlenwasserstoffe, Aldehyde, Ketone, Alkohole, Äther, Aromaten), teilweise auch bei Anwesenheit von $NO_x$. Zahlreiche Ratenkonstanten werden angegeben.

Im III. Abschnitt (12 Originalarbeiten) wird die physikalische Chemie des atmosphärischen Aerosols behandelt. Teilchengrößenverteilungen und -konzentrationen werden in Abhängigkeit vom Ort der Messung (Alpen, Meer, Stadt, Land) und ihrer Erzeugung sowie von meteorologischen Parametern untersucht. In zahlreichen Beiträgen wird die chemische Zusammensetzung des Aerosols (z.B. Spurenmetalle, $NH_4^+$, $SO_2^{2-}$, $NO_3^-$, NaCl, $(NH_4)_2SO_4$) bestimmt, wobei teilweise auch deren Änderung vom Ort der Entstehung bis zur Ablagerung bei Ab- und Anwesenheit gasförmiger Verunreinigungen verfolgt wird. Die katalytische Umwandlung von $SO_2$ zu Sulfat an unterschiedlichen Teilchen (Flugasche, Zementstaub, Ruß) wird diskutiert.

Der IV. Abschnitt (12 Originalarbeiten) befaßt sich mit ausgewählten Reaktionszyklen von Verunreinigungen in der Atmosphäre. Am Beispiel von Zyklen organischer Verbindungen zeigt eine Übersichtsarbeit die hierbei auftretenden Probleme auf (u. a. große Zahl von Komponenten und Nachfolgereaktionen, Unkenntnis von Vernichtungsprozessen und Emissionsraten natürlicher Quellen). Für ausgewählte Zyklen werden derartige Angaben ermittelt und in Modellrechnungen verwendet, deren Ergebnisse mit experimentellen Werten (freie Atmosphäre, „Smog-Kammer"-Messungen) verglichen und diskutiert werden. Verweilzeiten wichtiger Verunreinigungen (z.B. $SO_2$, $NO_x$) in der Atmosphäre werden angegeben.

Im V. Abschnitt (21 Originalarbeiten) werden die Ausbreitung und der Transport von Verunreinigungen behandelt. Zahlreiche Arbeiten widmen dabei der Analyse der Emissionsquellen (Ort, Art) besondere Aufmerksamkeit. Der Kurz- und Langstreckentransport bis zur Ablagerung der Verunreinigung wird mit Hilfe von Luftmessungen (zumeist Fluguntersuchungen, dabei $SF_6$ als Tracer für Rauchfahnen) und Modellrechnungen untersucht. Es konnten bedeutende Ergebnisse über die räumliche Verteilung von Verunreinigungen in Abhängigkeit von der Zeit und den meteorologischen Bedingungen vor allem für West-, Nord- und Mitteleuropa gewonnen werden. In den nachfolgenden Zusammenfassungen der 5 Arbeitsgruppenvorsitzenden wird der erreichte Stand der Arbeiten des Projektes eingeschätzt und die Richtungen seiner Fortführung in den nächsten 2 Jahren angegeben.

Die Proceedings des 2. Europäischen Symposiums sind vor allem für Physiko-Chemiker, Physiker, Chemiker,

Mathematiker, Meteorologen, Ökologen, Toxikologen und Mediziner von Interesse, die auf den Gebieten der Umweltforschung und -kontrolle tätig sind. Ein vertieftes Studium des behandelten Arbeitsgebietes ermöglichen nahezu 1000 Literaturstellen, die in den einzelnen Originalarbeiten angegeben werden.

*H.-J. Große*

**Air Pollution and Forests**
**Interaction between Air Contaminants and Forest Ecosystems**

*W. H. Smith. New York — Heidelberg — Berlin: Springer-Verlag 1981. 379 S., 60 Abb., 105 Tab.; geb. DM 64,—; approx. US $ 30,50*

Der Arzt *Michail Lwowitsch Astrow* sagt an einer Stelle in dem Stück „Onkel Wanja" von *Anton Tschechow* einmal folgendes: „... aber gut, zugegeben, aus Not magst du Holz im Walde schlagen — doch warum den ganzen Wald vernichten? Überall in Rußland hört man die Axt klirren, Milliarden von Bäumen müssen fallen, Tiere und Vögel werden aus ihren Nestern verjagt, die Flüsse werden flach und versiegen, wunderbare Landschaftsbilder verschwinden für immer ... man muß ein unverständiger Barbar sein, um diese Pracht in seinem Ofen zu verbrennen; zu zerstören, was wir nicht schaffen können ...". So geschrieben vor rund 80 Jahren. Heute hört man beim Sterben der Wälder nicht mehr das Klirren der Äxte — der Tod für sie hat andere Ursachen: die Luftverschmutzung.

Der vorliegende Band entstammt einer Serie, die sich der Umweltbehandlung und Umweltbetrachtung widmet (Springer Series on Environmental Management) und von *Robert S. De Santo* herausgegeben wird. Sie hat das Ziel, in abgeschlossenen Einzeldarstellungen sowohl Aspekte der Grundlagenforschung als auch der praxisnahen angewandten Forschung in bezug auf Umweltprobleme darzustellen.

Die Wechselwirkungen der Luftverschmutzung mit dem Ökosystem Wald werden in 3 Sektionen dargestellt: Sektion I, in der die Wälder als Quellen und als Senken von Luftverschmutzungen behandelt werden (S. 9—137); Sektion II, in der sie in einer schleichenden Weise durch Luftverschmutzungen beeinflußt und geschädigt werden (S. 139 bis 330) und schließlich Sektion III, in der Wälder dargestellt werden, die bereits in dramatischer Weise durch Pollutanten geschädigt wurden (S. 333—347). Als Verbindungen der Luftverschmutzung werden in den einzelnen Sektionen (je nach ihren Auswirkungen unterschiedlich) behandelt: CO, $CO_2$, $SO_2$, $NO_x$, $O_2$, Peroxyacetylnitrat (PAN), Fluoride, Spurenelemente (Pb, Cd u. a.).

Der Gedanke, daß die Wälder selbst als Luftverschmutzer und Verursacher wirken können, ist etwas ungewohnt, aber immerhin werden allein durch allergische Erkrankungen in den USA Verluste an Lohnkosten in Höhe von rund 500 Millionen Dollar jährlich verursacht, die auf Pollenflug zurückgeführt werden können. Von den dramatischen Schäden wurden vor allem die Areale in der Nähe von Kupferhütten in Ontario näher beschrieben: die über 8 Dekaden andauernde $SO_2$-Belastung von Sudbury, wo täglich mehrere Tausend Tonnen $SO_2$ an die Atmosphäre abgegeben wurden, und die Hüttenwerke von Wawa, ebenfalls in Ontario, die seit 1959 jährlich mehrere Hunderttausend Tonnen $SO_2$ emittieren.

Einige wenige Druckfehler können leicht korrigiert werden: S. 20, $HO^2$, $RO^2$ und $HSO^3$ sind die Ziffern keine Exponenten, sondern Indices; S. 28, die Literaturstelle *Bremner, J. M.* 1977 ist Vol. 2 und nicht Vol. 11; S. 31, die Literaturstelle *Woodwell, G. M.* 1978 sollte durch die Heft-Nummer des Sci. Amer. ergänzt werden, es ist immer sehr mühselig, den ganzen Jahrgang nach dem Artikel durchzublättern; S. 43, Tabelle 3—10 ist wohl o-xylene und nicht α-xylene gemeint und auf S. 257 in der Überschrift sind die Acid Precipitations und nicht Preparations gemeint. Bei Vergleichen von Belastungen ist eine einheitliche Mengenangabe sehr dienlich, z.B. Tabelle 2—7 Sulfur in $10^6$ tons · $yr^{-1}$ und Tabelle 2—8 Sulfur in $10^{12}$ g · $yr^{-1}$, dies kann auch leicht vermieden werden.

Hervorzuheben ist die sehr umfangreiche und auch aktuelle Erfassung an Literatur. Insgesamt sind 1034 Zitate angegeben, wovon 39,8% nicht älter als 5 Jahre sind und 75,9% nicht älter als 10 Jahre. Die älteste Arbeit stammt aus dem Jahre 1905, in der *J. K. Haywood* über Schäden der Vegetation durch Hüttenwerksabgaben berichtet.

Das Buch zeigt auf, welche verheerenden Folgen die unterschiedlichen Luftverschmutzungen auf unsere Wälder haben. Der Arzt *Astrow* bei *Tschechow* sagt u. a. weiter „... die Wälder verschwinden mehr und mehr, die Flüsse vertrocknen, das Wild flieht, das Klima hat sich verschlechtert, und von Tag zu Tag wird die Erde ärmer und häßlicher ...", aber „... dem Menschen wurden Vernunft und schöpferische Kraft gegeben, um zu vermehren, was er besitzt". Das Buch berichtet umfassend über die Folgen menschlichen Tuns auf das Ökosystem Wald — es will die Vernunft wecken, diesem Tun begrenzend entgegenzuwirken.

*H. Hübner*

**Isotopenmethoden in der Hydrologie**
**Lehrbuch der Hydrogeologie, Bd. 8**

*H. Moser und W. Rauert. Berlin — Stuttgart: Gebr. Borntraeger Verlag 1980; 400 S., 227 Abb., 32 Tab.; geb. DM 138,—*

Eine Forschung, die in Überlappungszonen und an Grenzgebieten verschiedener Einzeldisziplinen angesiedelt ist, stellt meist ein ertragreiches Quellgebiet für neue Ergebnisse und Erkenntnisse dar. Ein schönes Beispiel dafür ist die Isotopenhydrologie, die sich seit rund 20 Jahren zwischen der Kernphysik einerseits und dem geowissenschaftlichen Fachgebiet Hydrologie/Hydrogeologie andererseits entwickelt und im Laufe der Jahre ein zunehmend verbindliches Wissen angehäuft hat; die in ziemlich regelmäßigen Zyklen abgehaltenen internationalen Tagungen (überwiegend von der IAEA organisiert) auf diesem Gebiet zeugen von der Vielfalt der Ergebnisse und methodischen Fortschritte.

Zwei namhafte Wissenschaftler, die seit Beginn dieser interdisziplinären Forschungsrichtung mitarbeiten, haben gemeinsam mit 8 weiteren Autoren den ersten Versuch unternommen, ein umfassendes Lehrbuch zu schreiben. Es ist in 4 Abschnitte geteilt: eine Einführung, in der wichtige Begriffe geklärt und meßtechnische Einzelheiten mitgeteilt werden (S. 1—77), je einen Abschnitt über die Anwendung der Isotopenmethoden im Bereich des Oberflächenwassers (S. 78—175) und im Grundwasser (S. 176—334) und schließlich einen kurzen Abschnitt, der einige Wechselbeziehungen im Wasserkreislauf zum Inhalt hat (S. 335 bis 362), wie Niederschlags-Abflußbeziehungen, Infiltrationen, Grundwasser und Mülldeponien u. a. Man erkennt, daß der Schwerpunkt auf dem Anwendungsgebiet der Isotopen im Bereich des Grundwassers liegt, was nicht verwundert, da hier volkswirtschaftliche Relevanz und komplexe Probleme in gehäufter Weise auftreten. Hervorzuheben ist auch, daß von vornherein keine Trennung zwischen stabilen und radioaktiven Isotopen und auch keine Trennung zwischen natürlichen und künstlichen Tracern oder der Anwendung umschlossener Strahlenquellen vorgenommen wird. Diese Anwendungsvarianten werden nur didaktisch gesondert behandelt, aber sonst voll einbezogen, denn nur so kann die ganze Breite des isotopentechnischen/kernphysikalischen Arsenals zur Klärung unterschiedlicher Probleme in der Hydrologie/Hydrogeologie ganz deutlich gemacht werden.

Wie stark die Ergebnisse trotz langjähriger wissenschaftlicher Bearbeitung immer noch im Fluß sind, zeigt das Beispiel der Halbwertszeit des $^{32}$Si-Nuklids; im Erscheinungsjahr des vorliegenden Lehrbuches sind gleich 3 Werte für Halbwertszeiten veröffentlicht worden $(276 \pm 32)$a, $(101 \pm 18)$a und $(105 \pm 18)$a. In Tab. 1, S. 4, wird noch der Wert von etwa 650 a und in der Fußnote von ca. 330 a mitgeteilt. Nicht berücksichtigt wurden Isotopenvariationen des Stickstoffs, die durchaus mit in die hydrologische/hydrogeologische Interpretation einbezogen werden sollten, beispielsweise bei $NO_3$-Belastungen in landwirtschaftlich stark genutzten Arealen und in anderen Fällen. Die Literatur wurde mit insgesamt 654 Zitaten erfaßt, wobei rund 67% aller Zitate aus den 70iger Jahren stammen, also ein recht aktuelles Bild wiedergeben.

Das Lehrbuch der Isotopenmethoden in der Hydrologie wird einen weiten Leserkreis finden, der nicht nur lernen will, wie diese moderne Technik anzuwenden ist, sondern der auch nachschlagen will, welches zweckmäßige Herangehen ihm in einem zu bearbeitenden Fall weiterhelfen kann — die vielen ausführlich erläuterten Beispiele und Fallstudien dürften eine große Zahl der bestehenden Fragen abdecken. Hervorzuheben ist auch, daß geographisch sehr unterschiedliche Areale (sie werden auch in einem gesonderten Ortsverzeichnis zusammengefaßt) mit ihren spezifischen Wasserhaushaltsfragen beschrieben werden, wodurch das Lehrbuch auch den engeren europäischen Raum verläßt; Wissenschaftlern aus Entwicklungsländern dürfte es ein Gewinn sein, bereits Erprobtes zu erfahren. Bedauerlich ist der hohe Preis, der zweifellos eine größere Anzahl von an sich stark interessierten Lesern davon abhalten wird, das Buch zu erwerben.

*H. Hübner*

**Typenbuch der Manipulatoren**

*G. W. Köhler, München: Karl Thiemig 1981; 697 S. mit umfangreichen graph. und tabellar. Darstellungen und Abbildungen (Thiemig-TB, Bd. 85); karton. DM 148,—*

Mit dem Typenbuch für Manipulatoren aus der Reihe der Thiemig-Taschenbücher wird erstmalig zusammenfassendes Material für Manipulatoren und andere Fernbedienungsgeräte vorgelegt. Den Hauptteil dieses umfangreichen Werkes in deutscher und englischer Sprache nehmen auf etwa 500 Seiten die auf dem internationalen Markt angebotenen Fernbedienungsgeräte für kerntechnische Zwecke ein. Für die einzelnen Typen wurde vom Autor ein erstaunlich informatives technisches sowie auch graphisches Material zusammengetragen. Der informative Charakter des Buches wird insbesondere durch mehr als 450 graphische Darstellungen und Abbildungen, ca. 200 Datenblätter sowie 18 Literaturhinweise geprägt. Der Inhalt umfaßt mechanische Parallelmanipulatoren, Ferngreifer, Kraft-Manipulatoren und sonstige Fernbedienungsgeräte für die Kerntechnik sowie Manipulatoren und Geräte für andere als kerntechnische Zwecke, Manipulator-Fahrzeuge und Versuchsgeräte. Damit ist das Buch nicht nur für den Praktiker in der Kerntechnik sondern auch für die Fernbedienungstechnik in Industrie, Meerestechnik, Medizin, Bergbau und Raumfahrt ein enormer Wissensspeicher. Mögliche Entwicklungstendenzen wie höhere Beweglichkeit, Einsatz von Sensoren, programmierte Steuerung u. a. werden diskutiert. Die Anschriften von Herstellern dieser Geräte und die Anschriften einiger Entwicklungs- und Planungsinstitutionen sind gegeben.

*J. Jantsch*

**Surface Treatments for Improved Performance and Properties**

*Hrsg.: J. J. Burke und V. Weiss. New York, London: Plenum Press 1982; 224 S. (Sagamore Army Materials Res. Conf. Proc., Vol. 26); karton. US $ 35,—*

Moderne Materialbearbeitungstechnologien und hohe Anforderungen an Materialeigenschaften metallischer und nichtmetallischer Werkstoffe in der Technik lösten in den vergangenen Jahren und Jahrzehnten eine breite Forschungstätigkeit zu Fragen der Charakterisierung, der Struktur und der Eigenschaftsveränderung von Feststoffoberflächen aus, und die weitere Tendenz auf diesem Gebiet ist steigend. Ziel dieser Konferenz, die im Juli 1979 in den USA stattfand, war die Zusammenführung von Wissenschaftlern aus der Werkstoff- und Oberflächenforschung aus wissenschaftlichen Institutionen und der Industrie mit Ingenieuren und Technikern zwecks Erfahrungsaustausch. Dieses Anliegen wird auch in den 11 Beiträgen verschiedener Autoren zu den Problemen

- physikalische und chemische Charakterisierung metallischer und nichtmetallischer Oberflächen
- neuartige Verfahren zur Oberflächenmodifizierung
- Oberflächenstruktur und mechanische Eigenschaften
- Beziehung zwischen Eigenschaften und Bearbeitungstechniken für nichtmetallische Werkstoffe

deutlich. Die meisten Autoren stellen die Grundlagen in breiter, leicht verständlicher Form dar, ohne den Leser mit Formeln zu erschlagen. Darauf aufbauend werden anhand experimenteller Ergebnisse die Wechselbeziehungen zwischen Materialeigenschaft einerseits und Struktur bzw. Modifizierung und Bearbeitung andererseits erörtert.

Im einzelnen werden Oberflächenanalyseverfahren wie Ellipsometrie, Elektronenspektroskopie für die chemische Analyse (ESCA), *Auger*-Elektronenspektroskopie vorgestellt und weitere wie Elektronenbeugung oder Elektronenmikroskopie genannt.

Es werden Untersuchungen zur Kinetik von Oberflächenreaktionen, der Behandlung von Oberflächen zur Verbesserung der Haftung von Polymeren und zur Chemie des gasförmigen Wasserstoffs auf Oberflächen diskutiert. In etwas breiter Form werden Fragen der Oberflächenmodifikation und deren Einfluß auf die Korrosion sowie Maßnahmen zum Schutz von Materialoberflächen vor der Hochtemperaturkorrosion behandelt. Weitere Gebiete sind der Temperatureinfluß beim Sputter-Ionenplattieren auf die Mikrostruktur und Mikrohärte von Stahl, die Modifikation oberflächennaher Bereiche zur Verbesserung der Festigkeitseigenschaften hochfester Legierungen insbesondere mittels Ionenimplantation und Laserstrahlbearbeitung, Fraßkorrosion und Materialermüdung sowie die Beziehungen zwischen Oberflächenstruktur, Bearbeitungsmethoden und mechanischen Eigenschaften bei keramischen Werkstoffen und Glas.

Das Buch wendet sich an Wissenschaftler, Ingenieure und Techniker, die auf den Gebieten der Werkstofforschung, der Modifizierung von Festkörperoberflächen bzw. dem Ingenieurwesen mechanischer Systeme arbeiten.

*A. Schindler*

### Atomphysik

*T. Mayer-Kuckuk. Stuttgart: B. G. Teubner 1980; 2., durchgesehene Aufl.; 233 S., 112 Abb.; 6. Tab., 1 Spektraltfl.; kart. DM 26,80*

Der Leser vermerkt dankbar, daß der atomphysikalische Inhalt dieses Buches wohltuend in das Erkenntnissystem der Naturwissenschaft eingebaut wird: Da finden sich in der Einleitung Bezüge zu Nachbardisziplinen, und dem Leser wird klargemacht, an welcher Stelle der ca. 40 Größenordnungen umfassenden Skala der linearen Dimensionen physikalisch-naturwissenschaftlicher Objekte er sich in der Atomphysik befindet, deren Standardrepertoire in zehn Kapiteln von den Grundlagen über Ein- und Vielteilchensysteme, Emissionsprozesse (auch Laser und Maser) bis hin zur Hülle-Feld-Wechselwirkung geboten wird.

Es handelt sich um einen Band der „Teubner Studienbücher", also ein Werk für Studenten, für junge Menschen. Es spricht für die Erfahrung des Autors beim Umgang mit ihnen, daß entsprechende kritische Fragen nicht fehlen. Etwa: „Haben die (*Feynman*-)Graphen ... irgend etwas mit der realen Natur zu tun, oder sind sie ein Irrweg der Theorie ?" (Erörterung der Lamb-Shift, S. 112). An vielen Textstellen beweist sich großes didaktisches Geschick, indem solche Fragen aufgeworfen und ebenso einfach wie überzeugend beantwortet werden. Bei der quantenphysikalischen Beschreibung der Stoffeigenschaften steht die Atomphysik zwischen der Kernphysik und der Physik der Moleküle und der festen Körper. Man merkt dem Text an, daß der Autor aus der Kernphysik kommt; wohl daher ist es zu erklären, daß solche Begriffe wie Orbital, Slater-Funktionen, ja selbst Atomradius oder effektives Potential entweder fehlen oder sehr kurz wegkommen. Der Anschluß an die Molekülphysik könnte hier etwas glatter vonstatten gehen. In dem sehr kurzen Anhang verwundert es, daß der Autor dem Leser meint relativ ausführlich erläutern zu müssen, was eine komplexe Zahl ist (Anhang 1a). Demgegenüber ist die Erklärung der quantenmechanischen Zustandsvektoren zu knapp (Anhang 2).

Das Buch gibt eine insgesamt sehr gute, moderne Einführung in die Atomphysik, und für Physikstudenten ist es als Lehrbuch bestens geeignet. Weiterführende Literatur ist zitiert. Die drucktechnische Ausstattung des Rezensionsexemplars ließ zu wünschen übrig. Dies sei bemerkt, auch wenn es sich „nur" um einen (freilich nicht gerade billigen) Paperback-Band handelt, denn sogar die Lesbarkeit war stellenweise beeinträchtigt.

*J. Brunner*

### Die großen Physiker und ihre Entdeckungen

*E. Segrè. 2. Aufl.; München — Zürich: R. Piper & Co. 1982; 358 S., 127 Abb.; Leinen DM 48,—*

Man nimmt das Buch mit gespannter Aufmerksamkeit zur Hand — ein Nobelpreisträger hat ein Buch über seine Zeit geschrieben; er will uns sagen, welche Wege die führenden Physiker der letzten rund 100 Jahre gegangen sind, um die großen Entdeckungen zu machen, die unser Weltbild und unser Wissen so ungeheuer erweitert haben. *Emilio Segrè* war nach seiner Promotion 1928 bei *Enrico Fermi* selbst mit am unmittelbaren Geschehen beteiligt und kennt aus eigener Anschauung viele der genannten und erwähnten Physiker persönlich. Also ein Fundus an ergänzenden Einzelheiten, die sonst nicht einmal als Fußnoten und in großen Monographien erwähnt sein dürften.

Weniger erfreulich ist die Bearbeitung der amerikanischen Manuskripte, denn das Buch ist aus einer Reihe von Vorlesungen hervorgegangen, die der Autor an den Universitäten in Berkeley und in Chicago und an der italienischen Akademie der Wissenschaften in Rom gehalten hat. Da sind zunächst Schreibfehler wie äußerste anstelle von äußerte (S. 124), Poloniumquelle und Polonium-Quelle, beides auf S. 189, AL S. 203, U Mentor S. 206, der Seitenhinweis auf S. 216 soll S. 143 heißen, au-ßerdem S. 232 und schließlich Kosmotron S. 246, aber Cosmotron S. 262 und S. 264. Falsch sind auch eine Reihe von Abbildungshinweisen: S. 16, Abb. 1.1 und 1.2, S. 222, 223, 224 zu den Abb. 10.6, 10.7 und 10.8 und S. 285 zur Abb. 10.4. Auf der Abb. 7.8 ist *Max Planck* nicht links, sondern rechts zu sehen, und der Punkt A in Abb. 12.3 ist gar nicht zu sehen. Sehr viele Daten sind ebenfalls nicht richtig, so auf S. 18 *Ernst Mach* (1838—1916) und nicht 1828, S. 20 Sir *William Crookes* (1832—1919) und nicht 1918, S. 20 es ist *Sadi Carnot*, S. 20 *Helmholtz* (1821—1894) und nicht 1812, S. 24 *E. Goldstein* (1850—1930) und nicht 1859, S. 41 es ist *Alexandre Edmond Becquerel*, S. 73 es ist *Julius Robert von Mayer*, S. 90 *W. Wien* war erst ab 1906 Herausgeber der Annalen der Physik, so daß *A. Einstein* nicht 1901 an ihn seine Arbeit einsenden konnte; und auf S. 158 ist für Prinz Herzog zu setzen, denn seit 1960 ist *Louis de Broglie* Herzog. Und sachlich falsch sind S. 47 Chalkolyt (Chalkolith), S. 46 und 64 oxyd (oxid), auf S. 150 fehlt das Komma bei den Feinstrukturkonstanten; die Formeln auf den S. 170, 174 und 175 sind unvollständig bzw. falsch, und der $\Lambda$-Zerfall auf S. 263 ist auch durch $\pi^-$ zu ergänzen. Auf den S. 68, 124, 187 und 353 (nicht im Inhaltsverzeichnis) wird von einer *Bakerian*-Vorlesung gesprochen, gemeint ist wohl die *Baker*-Vorlesung nach *Georg Fisher Baker* (1840—1931), dem amerikanischen Industriellen, der große Stiftungen für die Wissenschaft gemacht hat.

Da dies die 2. Auflage ist, sollte bei einer weiteren bestimmt sehr erwünschten Neuauflage auf jeden Fall eine gründliche Durcharbeitung des Textes vorgenommen werden. Wenn sich der Autor gerade an die jüngeren Wissenschaftler wendet, um ihnen die Zeit anschaulich zu machen, dann sollten auch die Fakten verläßlich richtig sein. Natürlich kann das Buch nicht als Lehrbuch der Atom- und Kernphysik dienen, aber dies war und ist auch nicht beabsichtigt. Ein schönes und interessantes Buch, ein Zeitdokument in einer schnellebigen Zeit.

*H. Hübner*

### Das naturwissenschaftliche Manuskript
### Ein Leitfaden für seine Gestaltung und Niederschrift

*H. F. Ebel u. C. Bliefert. Weinheim — Deerfield Beach, Florida — Basel: Verlag Chemie 1982. 172 S., 25 Abb., 11 Tab.; gebunden DM 44,—*

Es ist sehr löblich und verdienstlich, wenn Autoren ein Buch über ein solches Thema schreiben — viel wird in den letzten Jahren über die Lawine an Publikationen und Informationen geklagt, und wie wenig wird doch das notwendige Rüstzeug zur Abfassung von Wissens- und Mitteilenswertem beherrscht.

Die Autoren behandeln in 8 Kapiteln den Aufbau, das Abfassen und die äußere Form von Manuskripten und gehen im einzelnen auf die Darstellung von Größen und Gleichungen, Tabellen und Abbildungen und auf das Zitieren der Literatur ein, und schließlich werden getrennt die Abfassung von Manuskripten für Zeitschriften und für Buchpublikationen behandelt. Anhänge über Größen und Gleichungen, Urheber- und Verlagsrecht, Vorlagen für Diapositive und Abkürzungen einiger Zeitschriftentitel schließen das Buch ab. So weit die Kurzwiedergabe des Inhalts.

Jedes genannte Einzelkapitel geht sehr ins Detail, um dem angestrebten Anliegen des Buches zu entsprechen: der Verbesserung der Manuskriptabfassung von der Form her zu dienen, was vor allem Zeitschriftenredaktionen und Verlagslektoren begrüßen werden, und eine Hilfeleistung für weniger Erfahrene zu sein. Papiersorten, Zeilenabstände, Verwendung von Schablonen und Abreibbuchstaben, Fußnoten u. ä. werden erläutert und natürlich Hinweise auf stilistische Fragen gegeben, die in dem permanenten Anliegen nach Kürze, Klarheit und Übersichtlichkeit sowohl in Worten als auch in Tabellen und Abbildungen münden.

Bei so vielen berührten und behandelten Problemen bleiben naturgemäß doch einige Dinge unausgesprochen. So sollten dem Titel des Buches entsprechend — das naturwissenschaftliche Manuskript — auch neben den betont dargestellten Hinweisen für die chemische Literatur (die als Prototyp auch absichtlich betont behandelt wird) doch etwas mehr andere naturwissenschaftliche Fächer bedacht werden, beispielsweise die Schraffuren in geowissenschaftlichen Arbeiten und dort verwendete Abkürzungen oder die Art der Darstellungen in den kristallographischen/mineralogischen Wissenschaften, ganz abgesehen von Wissensgebieten, die ingenieurtechnische Fächer berühren, wie Elektronik, Geophysik, Halbleitertechnik u. ä. m. Vielleicht könnte man zu den Gewohnheiten mancher publikationserfahrenen Wissenschaftler (S. 30) noch hinzufügen, daß eine erste Niederschrift auch getrost dort begonnen werden kann, wo es einem am leichtesten fällt, um so möglichst schnell von einem längeren Anstarren des unbeschriebenen Papiers wegzukommen, was i. allg. bei der Abfassung von Einleitungen der Fall ist. Es können sich bei solchen Aufenthalten sehr schnell Zweifel an den Fähigkeiten des Schreibenden einstellen, die es zu überwinden gilt. Von seiten der isotopen- und kerntechnischen Literatur könnte in einer Neuauflage u. a. die häufig verwischte Unterscheidung von Isotop und Nuklid versucht werden, neben solchen nicht nur sprachlichen Dingen wie Isotopenzusammensetzung (wobei man eben nicht die Zusammensetzung der Isotope meint), isotope Zusammensetzung und neuerdings auch isotopische (in Anlehnung an isotopic) Zusammensetzung.

Und schließlich noch einige Bemerkungen zum Zitieren von Literatur: Man kann nicht häufig genug darauf aufmerksam machen (was auf S. 83 fehlt), daß bei allen Zeitschriften, die mit jedem Heft eine neue Seitennumerierung beginnen (Sci. Amer., Bild der Wissenschaft u. a.), bei den Zitaten auch die jeweilige Heft-Nr. mit anzugeben ist, was man sonst spätestens dann als spürbaren Mangel empfindet, wenn einmal ein ganzer Jahrgang durchgeblättert werden mußte. Im Anhang E sind keine Beispiele für Abkürzungen japanischer Zeitschriften enthalten (transliteriert, transkribiert oder übersetzt ist die offene Frage) und auch keine Beispiele von Zeitschriften, in denen Environment oder Environmental in irgendeiner Form vorkommt (Atmospheric Environment, Environmental Science and Technology beispielsweise), da es hier auch international gesehen bisher keine Einheitlichkeit gibt. (Nebenbei bemerkt ist auf S. 177 ein Druckfehler: Fiziches Koi.)

Alles in allem eine sehr nützliche Schrift, die nicht nur von vielen Wissenschaftlern begrüßt wird, sondern auch und nicht zuletzt von Zeitschriftenredaktionen und Verlagen, wo einer Verbesserung der Form von Manuskripten immer Vorschub geleistet werden wird; denn nur selten sieht man den Unterschied in der Form zwischen einem eingereichten Manuskript und der erschienenen Arbeit, und wie häufig werden doch immer wieder die gleichen Fehler begangen.

*H. Hübner*

Nachträgliche Änderung zu der Information aus der **DDR** im Heft 1/2 — 1983, S. 49 (rechte Spalte): Die *Nuklearpharmarka-Tagung* findet nicht in Leipzig, sondern in Schwerin statt.

*S. M. Milenković, J. L. Vučina, L. M. Jaćimović, E. S. Karanfilov, T. V. Memedović*

Ein universeller $^{99m}$Tc-Generator für die Humanmedizin (*in Englisch*)

Isotopenpraxis **19** (1983) H. 3, S. 85 bis 87
1 Abb., 1 Tab., 6 Lit.

Ein Verfahren zur Herstellung eines $^{99m}$Tc-Generators auf der Basis des Spaltproduktes $^{99}$Mo wurde entwickelt. Die Generatorsäule enthält chromatographische Tonerde, die unter bestimmten Bedingungen $^{99}$Mo adsorbiert. Das aus dem radioaktiven Zerfall von $^{99}$Mo entstandene $^{99m}$Tc wird mit einer sterilen und pyrogenfreien Salzlösung ausgewaschen, indem diese Lösung durch das in der Sammelphiole herrschende Vakuum durch die Säule gefördert wird. Das Verfahren gestattet die Herstellung von Generatoren mit Aktivitäten, die zwischen 3,7 und 11,1 GBq liegen. Fast die gesamte $^{99m}$Tc-Aktivität kann mit 10 ml Eluationsmittel gewonnen werden. Technetium in Form von radionuklidischem, radiochemischem und chemisch reinem $^{99m}$Tc-Pertechnetat wird in einer sterilen und pyrogenfreien Lösung erzielt. Das Eluat enthält keine Oxydationsmittel und ist für die unmittelbare Applikation geeignet.

*S. M. Milenković, J. L. Vučina, Lj. M. Jaćimović, E. S. Karanfilov, T. V. Memedović*

Universal $^{99m}$Tc Generator for Human Use (*in English*)

Isotopenpraxis **19** (1983) No. 3, p. 85 to 87
1 Fig., 1 Tab., 6 Ref.

The production procedure of $^{99m}$Tc generator on the basis of the fission product $^{99}$Mo is developed. The generator column contains chromatographic alumina on which, under the given set of conditions, $^{99}$Mo is adsorbed. The $^{99m}$Tc, formed at the radioactive decay of the $^{99}$Mo, is eluted with the sterile and pyrogen-free saline solution which is passed through the column due to the vacuum in the collecting vial. The procedure enables the production of generators of the activities ranging from 3·7 to 11·1 GBq. Almost all $^{99m}$Tc activity can be obtained in 10 ml of eluence. Technetium in the form of radionuclidic, radiochemical and chemical pure $^{99m}$Tc pertechnetate is obtained in sterile and pyrogen-free solution. The eluate does not contain oxidizing agents and is suitable for a direct administration.

## Aus der Praxis

*P. Hecht, R. Otto, H. Ulrich*

Einfache Methode zur externen Steuerung von Strahlungsmeßgeräten

Isotopenpraxis **19** (1983) H. 3, S. 87 bis 88
3 Abb., – Tab., 1 Lit.

## From Practice

*P. Hecht, R. Otto, H. Ulrich*

A Simple Method of External Timing of Rate Meters

Isotopenpraxis **19** (1983) No. 3, p. 87 to 88
3 Fig., – Tab., 1 Ref.

## Tagungsberichte

Isotopenpraxis **19** (1983) H. 3, S. 89 bis 93

## Informationen

Isotopenpraxis **19** (1983) H. 3, S. 93 bis 99

## Buchbesprechungen

Isotopenpraxis **19** (1983) H. 3, S. 99 bis 104

## Meetings

Isotopenpraxis **19** (1983) No. 3, p. 89 to 93

## Information

Isotopenpraxis **19** (1983) No. 3, p. 93 to 99

## New Books

Isotopenpraxis **19** (1983) No. 3, p. 99 to 104

## Contents of this Issue

**Articles**



Indexed in Current Contents
Scientific Citation Index and
INIS Atomindex

FSC
www.fsc.org
MIX
Papier | Fördert
gute Waldnutzung
FSC® C083411

Zeitfracht Medien GmbH
Ferdinand-Jühlke-Straße 7
99095 Erfurt, Deutschland
produktsicherheit@kolibri360.de